全国高等美术院校
建筑与环境艺术设计专业教学丛书

力与美的建构

结构造型

王环宇 编著

中国建筑工业出版社

图书在版编目(CIP)数据

力与美的建构　结构造型/王环宇编著．—北京：中国建筑工业出版社，2005
（全国高等美术院校建筑与环境艺术设计专业教学丛书）
ISBN 7-112-07644-7

Ⅰ．力…　Ⅱ．王…　Ⅲ．建筑结构—造型设计—高等学校—教材　Ⅳ．TU318

中国版本图书馆CIP数据核字(2005)第076705号

责任编辑：唐　旭　李东禧
装帧设计：王其钧
责任设计：孙　梅
责任校对：李志立　王金珠

全国高等美术院校建筑与环境艺术设计专业教学丛书
力与美的建构
结构造型
王环宇　编著
*
中国建筑工业出版社出版(北京西郊百万庄)
新华书店总店科技发行所发行
北京中科印刷有限公司印刷
*
开本：787×960毫米　1/16　印张：10¾　字数：250千字
2005年8月第一版　2006年6月第二次印刷
印数：3001—4500册　定价：39.00元
ISBN 7-112-07644-7
(13598)

本社网址：http：//www.china-abp.com.cn
网上书店：http：//www.china-building.com.cn

《全国高等美术院校建筑与环境艺术设计专业教学丛书》

编 委 会

总　序

中国高等教育的迅猛发展，带动环境艺术设计专业在全国高校的普及。经过多年的努力，这一专业在室内设计和景观设计两个方向上得到快速推进。近年来，建筑学专业在多所美术院校相继开设或正在创办。由此，一个集建筑学、室内设计及景观设计三大方向的综合性建筑学科教学结构在美术学院教学体系中得以逐步建立。

相对于传统的工科建筑教育，美术院校的建筑学科一开始就以融会各种造型艺术的鲜明人文倾向、教学思想和相应的革新探索为社会所瞩目。在美术院校进行建筑学与环境艺术设计教学，可以发挥其学科设置上的优势，以其他艺术专业教学为依托，形成跨学科的教学特色。凭借浓厚的艺术氛围和各艺术学科专业的综合优势，美术学院的建筑学科将更加注重对学生进行人文修养、审美素质和思维能力的培养，鼓励学生从人文艺术角度认识和把握建筑，激发学生的艺术创造力和探索求新精神。有理由相信，美术院校建筑学科培养的人才，将会丰富建筑与环境艺术设计的人才结构，为建筑与环境艺术设计理论与实践注入新思维、新理念。

美术学院建筑学科的师资构成、学生特点、教学方向，以及学习氛围不同于工科院校的建筑学科，后者的办学思路、课程设置和教材不完全适合美术院校的教学需要。美术学院建筑学科要走上健康发展的轨道，就应该有一系列体现自身规律和要求的教材及教学参考书。鉴于这种需要的迫切性，中国建筑工业出版社联合国内各大高等美术院校编写出版“全国高等美术院校建筑与环境艺术设计专业教学丛书”，拟在一段时期内陆续推出已有良好教学实践基础的教材和教学参考书。

建筑学专业在美术学院的重新设立以及环境艺术设计专业的蓬勃发展，都需要我们在教学思想和教学理念上有所总结、有所创新。完善教学大纲，制定严密的教学计划固然重要，但如果不对课程教学规律及其基础问题作深入的探讨和研究，所有的努力难免会流于形式。本丛书将从基础、理论、技术和设计等课程类型出发，始终保持选题和内容的开放性、实验性和研究性，突出建筑与其他造型艺术的互动关系。希望借此加强国内美术院校建筑学科的基础建设和教学交流，推进具有美术院校建筑学科特色的教学体系的建立。

本丛书内容涵盖建筑学、室内设计、景观设计三个专业方向，由国内著名美术院校建筑和环境艺术设计专业的学术带头人组成高水准的编委会，并由各高校具有丰富教学经验和探索实验精神的骨干教师组成作者队伍。相信这套综合反映国内著名美术院校建筑、环境艺术设计教学思想和实践的丛书，会对美术院校建筑学和环境艺术专业学生、教师有所助益，其创新视角和探索精神亦会对工科院校的建筑教学有借鉴意义。

吕品晶

中央美术学院建筑学院教授

前　　言

结构是建筑物的骨架，对建筑的造型有着内在的影响。我国多数建筑学院的教学中，注重对学生结构估算和选型的培养，这种方法可以使学生部分地理解结构的作用，但是缺少一种在结构与造型之间深层联系的理解。

此结构造型课程的教学是从建构的角度出发，把结构看成立体构成和空间构成中的元素，运用造型艺术规律来组织建筑结构，掌握结构的造型语言。一方面注重培养学生对建筑结构的力学合理性的理解，另一方面也要拓展学生使用结构造型的艺术创造力。课程包括讲课和作业。讲课从结构美和结构造型方法两方面启发学生，作业则锻炼学生运用结构创造建筑造型的能力。

全书以教学记录的形式组织，包括结构造型的概念、结构造型的类型和结构造型的应用三个主要部分，共分七个章节。书中列举了大量的建筑实例，并对学生作业进行分析，从理论和实践两方面加强学生对结构造型概念与方法的理解。

本书适合于美术院校建筑学专业作建筑结构教学用书，也适合于其他建筑院校用作参考书，对于建筑设计和建筑教育领域的广大读者，也能带来新的启发。

目　录

第一章 论结构造型教学

结构造型教学的意义

结构是建筑物的骨架，对建筑的造型和形式有着重要的影响。在建筑领域，建筑师的工作内容与结构工程师是有所不同的，建筑师侧重造型的设计，结构工程师则侧重工程结构的计算。因此同样对于结构这个概念，两者的理解并不完全重合。建筑师更看重结构形式对于建筑造型的影响，而不像结构工程师更看重结构的可靠性。前者针对的是结构的美学研究，后者针对的是结构的力学研究。

这两种工作内容的不同，导致了他们之间知识结构和学习方法的不同。建筑师的知识结构很复杂，需要学习的内容很多，长达五年的本科学习时间就证明了这一点。因此，如何有效利用学时，培养知识结构合理的人才是建筑教育很值得研究的一点。对于建筑结构这一重要环节，国内是有一个发展过程的。早先需要学习大量的计算，后来考虑到职业的实用性，逐渐减少计算量。现在大多数建筑系考虑到学生的数学基础，一般是采取一种结构估算教学方法，即通过简化结构原理，尽量用较简单的计算方法，让学生了解结构的一般估算。但是，不管是早年间的严格的计算学习，还是后来的估算学习，其根本仍然离不开“算”，而这与建筑师要求的结构知识是根本不适合的。

这就好像是艺术家和医生都要学习一定的解剖学，但根本目的是不一样的。艺术家的目的是通过学习骨骼结构更好地了解人体，为艺术创作打下基础；医生则是为了以后研究病理而学习。由于目的不同，两者学习的深度和侧重点会有很大差别。

现有的培养方法没能有效地把建筑结构和建筑造型联系起来，使得建筑系学生学习起来非常吃力，学生既不能像结构工程师一样的去计算，也不懂得利用结构手段丰富造型语汇，其结果是畏惧结构，讨厌结构，对造型的可行性缺乏信心，最终限制造型的发展能力。

近年来，新的建筑技术发展很快，新结构、新材料、新工艺使得建筑的造型手段有了更丰富的变化空间。掌握结构原理，驾驭新的造型语言成为建筑师培养中迫切需要加强的内容。

国内外关于结构造型教学的研究

关于建筑学的结构造型能力的培养，国外已经逐渐形成了很好的方法，国内也开始做出很多有益的尝试。在理论方面，最近几年，国内引进了很多外版建筑结构教学书籍，其中比较好的，可作为教学参考书的有以下几本：

Fuller Moore《Understanding Structures》，国内译作富勒·摩尔著《结构系统概论》，辽宁科学技术出版社。首先需要指出的是该书的翻译错误较多，是作为教学参考书的一个重大不足。但是该书的内容全面系统地介绍了各种建筑结构形式和原理，并且配以大量新建而且优秀的建筑实例，使建筑系的学生可以从比较熟悉的建筑出发，生动有效地领会结构概念在建筑造型中的应用。虽然作为系统介绍各种结构造型方法，该书显得有点简略，但是作为给建筑系学生的教科书，其知识要点的数量和难度都是比较适宜的。

Heino Engel《Structure Systems》，国内译作海诺·恩格尔著《结构体系与建筑造型》，天津大学出版社出版。简练、明晰、直观的图解方法是该书的一个特色，它把结构造型的各种可能的形式都尽量全面地绘制出图解，一目了然。并且该书的系统性和全面性都超过了Fuller Moore的《Understanding Structures》，但也因此使得作为教科书显得内容有点过多，而比较适合作为教学参考书。另外没有实例，使得该书显得不够生动。

日本建筑构造技术者协会编《图说建筑结构》，中国建筑工业出版社出版。该书以大量的照片展示了各种结构形式，以及工程建造过程，这是上面两本书所缺少的。书中的实例是以日本建筑为主，因此收录面较小是它的一个缺点。还有，该书虽然内容比较全面，但是体系编排有点庞杂。由于针对读者的不同，该书对施工方法的介绍过多，所以它作为建筑系的结构教科书不太适合，可以作为参考书。

安格斯·麦克唐纳著的《结构与建筑》，国内已经有译本，由中国水利水电出版社和知识产权出版社共同出版。该书深入浅出地介绍了结构的概念、建筑结构的发展，以及结构与建筑美的关系。内容比较散，不是一本很系统的结构参考书，但确实是一本很值得借鉴的教学资料。内容比较容易理解，而且其中有很多关于结构美与建筑美的分析是有一定见地的。

以上是国外的教学参考书，国内现在还没能出版比较好的自编结构造型教材，只有结构选型教材。但是很多建筑师、学者都开始关注、研究和论述结构造型与建筑创作的关系。这显示着结构造型的概念开始为大家所重视，并且，一些研究对于指导教学有着很好的启发。下面几篇论文是其中比较有代表性的：

北京市建筑设计研究院马国馨的《建筑艺术中的结构美》，从建筑美学和技术美学角度入手，列举、分析了大量实例，探讨了建筑设计中的结构设计与结构美学问题。同济大学胡莹的《建构——对建筑本体的还原》，针对国内建筑设计与建筑本体分离的现象，从西方建造观念和中国传统“营造”观念出发，对建筑的材料、结构、构造进行分析，并提出用建造的逻辑去认识建筑的方法。西北建筑工程学院霍小平、王农《结构造型概念设计初探》，简要分析了多层、高层建筑空间结构的受力特点、结构型式及适用范围，并且分析了一些结构造型的美学概念。重庆建筑大学周大明、于淑华《建筑空间艺术创作中的结构构思》，从建筑设计的角度出发，论述了结构构思的作用、意义和一些方法。还有像同济大学李国强的《当代建筑工程的新结构体系》，从新的结构技术角度出发，分析了一些优秀的建筑作品的结构设计。

湖南大学谢劲松的硕士论文《形与力——建筑创作中的结构表现研究》较好地论述了建筑与结构的关系，并且从审美和历史的角度分析了结构的造型意义，并且也试图对结构的表现手法进行一些分析。这篇论文是国内一篇较好的论述结构造型表现的论文，其缺点主要是对一些大师作品的介绍、资料的整理深度不够，没有横向的归纳和总结，缺乏对结构造型的系统性的阐述，因而内容不够专业。

国内外教学实践方面的经验和探索

笔者2003年考察了英国格拉斯哥美术系建筑系的课程，发现他们的课程不但很有趣味，而且富于启发性。格拉斯哥的设计课题都是长达一学期左右的长课题，偶尔会有一两次短课题，往往是由访问学者带来的课题。格拉斯哥建筑系从一年级就开始做设计，第二学期的课题就开始关注建造的可行性。二年级课题比较系统地进行结构课程和课题设计。课程的讲述是由建筑师教授的，据说是因为皇家建筑师协会认为由结构工程师担任建筑学的结构课效果并不好，因此要求由建筑师来担任结构教学。

结构课的讲授相当轻松，还经常做一些类似游戏的小实验，让学生利用一些简单的绳子、棒子，几个人一组，互相拉、推、托举，用身体来体验受力状态。这些小实验生动有趣，虽然知识量远不及我们的结构课那么深奥，但是有效地传达了力学原理和结构概念。可以说，我们的课程知识量是100，但学生只能记住60%；他们的课程知识量是60，但是学生能记住50%，这样的课程就是效率高的课程。

二年级的长课题设计是做一个野外的观景亭子。学生先在一个自然的小岛上考察选址，然后基于自然的景观、环境和地形，做出一个自由形态的小建筑，面积不超过100m²。这已经是学生的第三个设计，在我国应该已经做到500m²了，但是他们始终做得很小，每一个课题会有不同方向、不同层面的关注点，集中解决建筑学中的一个问题，而这个课题的主要目的就是解决结构造型的问题。在一学期的设计里，学生要反复做工作模型推敲方案，最后的成果包括正式模型、节点模型和图纸。节点模型是把建筑的一个断面放大、细化，对构件的细节加以设计。图纸深度相当高，不仅仅要求一般的平立剖图，而且要求画出许多细部设计的节点大样，最突出的是能够画出木结构建筑的装配图和施工过程。这种关注到建造的设计理念是我国建筑教育中严重缺少的一环。经过一学期的课题，他们学生的造型能力突飞猛进，可以做出非常大胆前卫的建筑设计。可以说，他们的学生不但不怕结构，而且喜爱结构，懂得用结构去做造型，懂得表现结构的美。

国内的一些院校也有很多可贵的经验，例如华中理工大学建筑系的结构选型课。他们的课程以基本的力学概念为出发点，分析建筑结构的受力特点，融建筑、结构、力学为一体。要求学生在所学知识的基础上，自己动手制作建筑结构模型，在十天的短课题里做出各种建筑结构形态的造型，包含各种结构形式，有常规的梁板、拱结构，也有悬索、悬挂、扭壳、折板、网壳，有大跨度建筑，也有高层建筑。

从他们的教学中可以看出，国内已经迈出可喜的一步，但是和国外相比还有一定差距。其一在于，华中理工大学的结构选型课是从结构出发，向建筑投射，学生把结构理解为各种类型；格拉斯哥的教学是从建筑出发，去解决结构，因此从结果上看，格拉斯哥的学生所做造型的新奇程度远超过华中理工大学学生的作业水平。其二是教学的组织方面，一个是长课题，一个是短课题，长课题在深入程度方面所体现的优势是很明显的，它使得学生不仅仅知道结构类型，而且能从建造的角度去深刻地理解它，其结果是，华中理工大学的学生可以学会使用结构类型，而格拉斯哥的学生可以学会去创造结构造型。

国内比较有特色的某大学建筑系提出"以建构启动的设计教学"，希望实现一种技术与人文相结合的建筑设计教学方案。整个教案的构想是在9周的时间里，通过四个设计练习阶段，从结构体系设计入手，再加入环境与建筑功能的摸索，最终合成为一个公共性的"市民观演中心设计"。四个阶段的内容包含分析大师作品结构和自己的结构设计，逐步加上对环境和功能等建筑设计因素。最终成果以模型为主表达。 这个大学的尝试已经是国内比较成功的范例了，基本达到了教学的目的。其缺点在于：一、课题中只涉及结构方面的设计，但是以建构为名，容易使学生把建构就理解成结构，而忽略材料、构造等其他因素。二、结构估算课、结构造型方法课和课程设计结合不是很好。三、课题综合度太高，这样的问题首先是难度过大，其次是重点不突出，而且容易使学生产生建构是设计中的一个阶段的感觉，而不是把建构和其他内容一起考虑，贯穿设计始终。四、只通过一个课题还不能达到足够的效果，应该在5年的学习中，分阶段分层次地进行。

对结构造型课程的设想

我们的结构教学，从概念上应当有一个从结构估算，到结构选型，到结构造型的转变。结构估算的课程应进一步削减课时和减少其中计算含量，更多是给出各种结构类型的概念、用途、限制、常用尺寸等规律。这个课程可以作为结构造型课的辅助，由建筑感比较强的结构工程师或结构工程师和建筑师一起上，毕竟结构工程师对于结构原理的理解是深入而且系统的。

而整个的结构课程设计，可以是短课题和长课题相结合。结构选型课可以适当配合结构估算课，有建筑师辅导设计，结构工程师讲解原理，用短周期题目使学生对主要结构类型有个形象认识。短课题解决分类的结构形式，由于学时的原因，可以分组和分担课题，不必每名学生制作所有结构类型，但是可以通过班内的交流接触到尽可能多的结构类型。这是一个知识的全面积累的过程。主干课应该使结构造型课，即从建构的概念出发，通过建筑的课题，结合结构造型的设计，使学生学会灵活掌握结构造型语言，并有可能创造新的结构造型形式。

而结构造型课的学习方式应该是，长周期和工作室的专题研究。在这个专题学习阶段，可以适当降低建筑功能和建筑文化等方面的要求，但是空间概念由于和结构造型是虚实对应的关系，仍然需要适当考虑。长周期应该从建筑设计出发，从造型出发，综合运用各种结构手段。同时设计程度应该比较深入，能够做出细致的施工图和节点图。应该做大尺度的模型，来推敲和体验建造过程中的结构和细部表现，所以课题有可能是小组合作完成的。这个阶段应该能够做到在结构形式的利用上比较纯熟，并且能够创造性地发挥结构造型能力。

结构造型的课程设计应该是基于建筑设计的创作活动，因此，不应该机械地按照结构类型来编排课题，而应该遵循建筑的美学规律来进行组织。结构造型原理课可以尝试按如下面的内容结构，由建筑师来讲授：

1. 结构造型的意义：从建构的角度认识建筑与结构的关系；
2. 结构美：技术美学的原则与表现；
3. 结构造型的研究方法：从造型艺术规律来学习和创造结构；
4. 结构造型元素：点线面与结构元素的关系；
5. 直线形的结构类型：框架等结构的造型；
6. 曲线形的结构类型：悬索、拱等结构的造型；
7. 空间形态的结构类型：网架、膜结构等造型。

结构概念与估算课、结构造型原理课和相应的课程设计，是培养合格建筑师的结构造型能力的三个不可或缺的组成部分。综上所述，结构造型课的原则是，全面掌握，重点突破，注重体验，鼓励创新。

附1：某学院设计学院结构造型实验室的建设文件

1．建立结构造型实验室的目的与意义

1.1　学习建筑结构对于提高建筑造型能力的重要性

建筑结构是建筑的支撑部分，是建筑的骨架。学习建筑结构的意义有二：有利于提高设计方案的可行性；有利于丰富建筑造型语汇。

1.2　我校建筑专业建立结构造型实验室的必要性

根据我校具体情况，有以下原因亟待建立结构造型实验室：学生理工科基础薄弱，结构知识差，对自己的设计的可行性缺乏信心，严重影响造型的创造力；国内建筑院校的结构教学难以适应建筑学专业要求。建立我们的实验室，从建筑设计的角度用直观方法理解结构，并落实到造型设计语汇，成为我们的办学特色之一。但国内现在已经开始意识到结构的重要性，并有所动作，我们要尽快发展起来。

2．结构教学的组织和结构造型实验室的功能

2.1　关于建筑结构教学组织的建议

建议把结构教学分成三个阶段：感性阶段，在一年级开设以建造为目的的建筑初步设计课题，直观感受结构的作用；理性阶段，在二年级以各种典型结构体系为纲，组织一系列建筑设计课题，并结合建筑结构的讲课，系统了解建筑结构知识，掌握结构造型手法；综合阶段，在三年级或四年级，通过设计大型综合建筑及其结构，熟练掌握结构概念，驾御结构造型语汇。

2.2　结构造型实验室的核心功能

制作和收藏建筑结构课程所需教具和演示模型；为二年级结构造型设计课程提供场所；为一年级感性阶段课题和高年级综合阶段课题，提供咨询和特殊加工。

2.3　结构造型实验室的分期目标

近期目标，初步建立实验室空间和设备，满足制作教具和演示模型条件，并着手开始制作工作，尝试开设结构造型设计课题；中期目标，完成较系统的演示教具制作，实验室可收纳20名左右学生（一个班）做实验和设计课题；远期目标，研究特色结构体系，形成以结构造型教学为核心，并可收纳高年级学生做深入学习的有层次的特色实验室。同时考虑教学与研究、生产相结合，满

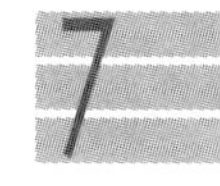

足实验室软硬件的改进和更新需求。

3. 实验室所需条件

3.1 现状背景

考虑学校现有条件，结构造型实验室近期不准备添置大型制作设备。但由于实验室对制作的要求，空间上应该接近木工车间和模型车间，并可利用现有综合试验平台。

3.2 实验室所需条件

空间

实验室功能包括制作（单人制作和成组制作）、陈列（教具和优秀作业）、储藏（少量小型工具）、电脑辅助。 近期要求100m^2左右空间，可供以上功能和10人（半天制）或20人（全天制）学生上课与制作；远期理想状态应为200m^2左右；把电脑辅助、陈列和储藏与制作分开，便于管理和设备维护；并且把制作空间分成净区（精密加工）和脏区（带水施工）。

设备

制作设备：原则上尽可能利用现有综合实验平台的实验条件，主要包括木工机械、塑料成型、小型金属件加工。实验室主要提供小型加工工具、组装工具、土木施工工具等。

实验设备：提供少量必要的力学实验设备。 电脑辅助设备：微机及相关设备。

4. 组织结构与管理

4.1

教师

设专职教师一名，负责管理和组织教学；兼职技工或兼职教辅一名，协助工艺和设备管理；聘请结构工程师做技术顾问，可与某建筑设计院合作；可聘请国外教授做指导。

4.2

学生

考虑要最大化利用实验室有限空间条件，建筑学二年级学生可与别的课程轮换，分批选修。吸收少量高年级学生做设计。

附 2：结构造型课程教案

教学目的：结构是建筑的骨架，对建筑形式有着内在的影响。结构造型课的目的是从建构的角度出发，把结构看成立体构成和空间构成中的元素，运用造型艺术规律来组织建筑结构，掌握结构的造型语言。一方面注重培养学生对建筑结构的力学合理性的理解，另一方面也要拓展学生运用结构造型表现形式的艺术创造力。

教学内容：

教学包括讲课和课程设计，讲课为结构造型原理，主要内容涉及：

1．结构造型的意义：从建构的角度认识建筑与结构的关系；
2．结构美：技术美学的原则与表现；
3．结构造型的研究方法：从造型艺术规律来学习和创造结构；
4．结构造型元素：点线面与结构元素的关系；
5．直线形的结构类型：框架、平面桁架、拉索等结构的造型；
6．曲线形的结构类型：悬索、拱、曲桁架等结构的造型；
7．空间形态的结构类型：网架、索膜、穹窿结构等造型。

课题要求：（2003 年、2004 年）

课程设计围绕结构造型原理课的内容，安排三个短课题和一个长课题，每个短课题时间为 2 周，长课题时间为 4 周，课程设计全部在建造实验室完成。

短课题内容是：某公园内举办一博览会，需修建一些临时建筑，用作展示、观景、休息、售卖等功能。要求建筑必须有屋顶，可以遮雨，但不必一定有围墙。建筑用地红线是 15m × 15m，建筑物任何部分投影范围不得超出红线，屋盖下建筑面积也不得小于$100m^2$。室内净空大于 3m，建筑限高为 12m。要求造型新颖，结构形式合理，便于快速建造。根据以上要求设计三个方案，要求分别用到：1.直线形的结构类型；2.曲线形的结构类型；3.空间形态的结构类型。作业要求：制作 1：50 模型，绘制 1：50 平立剖图及适当分析图。

长课题内容是：结构形态专题研究，题目有：穹窿、直纹曲面、有机形态、极小结构、可动结构、中国木结构等。三人一组合作完成，作业要求：制作1：10模型，1：2～1：5节点模型，绘制1：50平立剖图、装配示意图和分析图。

课题要求：(2005年)

课程设计安排两个作业。

第一个作业侧重基础训练，时间为2周。内容为美院附中仓库增建项目，要求在附中庭院内指定位置建设一座临时仓库。要求充分利用给定条件，结构合理可行，外形与环境协调，空间尺度适宜。作业成果为1:50模型和CAD平立剖图。

第二个作业是第一个作业的延续和深入，时间为3.5周。内容围绕建造的主题，根据教师具有不同的深入方向，包括极限生存、可移动建筑、有机形态结构等专题。作业要求由各组教师分别制定。学生先随机分组，再互换调整，不可以单独换组。最终成果集中讲评。

第二章 结构造型原理

结构造型的意义

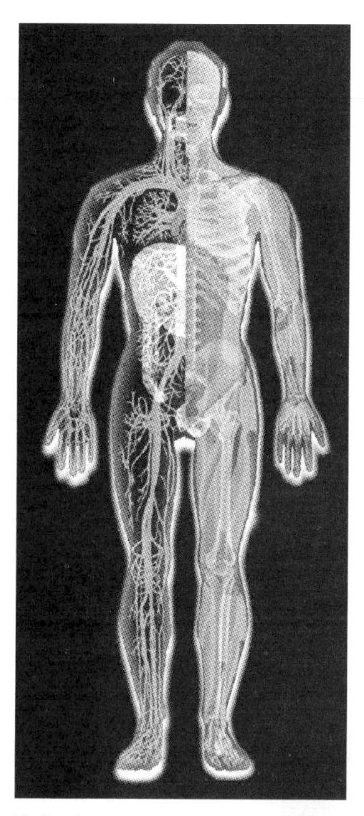
图 2–1

建筑是一个与人共生的生命体，我们可以把建筑中的很多元素类比成生命体中的等价物，比如：建筑的通风系统对应生物的呼吸系统，建筑的给排水对应生物的血液循环系统，建筑的控制系统对应生物的神经系统，建筑的功能对应这生物体的内脏器官，而人的眼睛经常被比喻成心灵的窗户，这之间的关系也不是偶然的。并且建筑还是一个有思想、有精神的造物，从这个意义上讲，建筑就是一个人。（图 2–1）

如果说以上这些比拟还十分粗糙，那么从建造的角度来看，把结构类比成生物体的骨骼，把构造类比成表皮和皮下组织就显得十分准确了。建造的意义之于建筑，就如同生长的意义之于生命一般重要。肯尼斯·弗兰普顿说："建筑的根本在于建造，在于建筑师应用材料并将之构筑成整体的创作过程和方法。建构应对建筑的结构和构造进行表现，甚至是直接的表现，这才是符合建筑文化的。"（图 2–2、图 2–3）

图 2–2

图 2—3

并且，"建造学"不仅关注建筑物，也关注如何建造建筑物，关注在背后支撑建筑师进行建造活动的各种建筑观念。也就是说，建筑的建造和建筑的空间、功能、文化这样一些概念是紧密联系，互相制约的。比如说道空间感受，你很难把它与建筑的材料分离开来。安滕忠雄曾说道："材质之间的对话为把我想像中的空间付诸实施提供了主要的支持。"从学习的角度，我们应该把建筑看成是现实的砖瓦，而非图纸或模型可以完全表达的虚拟。（图 2—4、图 2—5）

图 2—4

图 2–5

结构是建筑的骨骼。人有人的骨骼，动物有动物的骨骼。大千世界千奇百怪的生命体，很多都依赖骨骼承托着身体的重量。地球上生物的进化规律是，越是高级的生物，骨骼就越复杂。而建筑也同样，建筑的造型、空间等等内容，都依赖它的骨骼——结构承托着。就如同不同生命体有着不同的骨骼一样，不同建筑也有着不同的结构。我们关注结构的时候，首先要关注它的可靠性，此外很重要的，还要关注它的形态，可以说，没有结构，就没有造型，也就没有空间。（图 2–6）

结构是建筑的语法，也就是说，结构规律是建筑设计中必须遵守的法则。诗歌是优美的语言艺术，但是诗歌有着比普通语言更严格的格律要求。音乐是传达感情的美妙声音，但是无论是旋律进行还是和声配器都不是随意涂抹音符就能演奏出动听的音响的。结构规律就好像是诗歌的格律、音乐的和弦，它是人类对自然美的提炼和再创造。规律虽然有时显得刻板，但是如果能够熟练驾驭它，就可以脱口吟诵美丽的诗篇，就可以随口哼唱优美的旋律。（图 2–7）

奈尔维曾经说：“建筑是，而且必须是一个技术与艺术的综合体，而并非是技术加上艺术。” 也就是说，建筑中既有技术的因素，也有艺

图 2-6

术的因素，并且两者在各个层面都有交叉复合，不能把技术因素与艺术因素分开处理。结构也是这样，它既是一种技术，也是一种艺术。建筑中的结构，关乎建筑的最终艺术效果，因此，建筑师不能把它甩给结构工程师，而应该在建筑设计的全过程妥善处理造型与结构的关系，妥善处理建筑师与结构工程师的配合。（图 2–8）

图 2–7

图 2–8

图 2-9

事实上，结构也是美的。结构有着自身的视觉表现力，它像是雕塑一样动人心弦，但是比雕塑更加宏伟震撼。建筑中的这种结构表现力很早就被人们注意到。中国艺术的精华之一就是书法，一种纯粹线条的抽象表达，代表着中国文化与众不同的艺术个性。而一件很有趣的事情是，书法中管汉字的形式构成称为"间架结构"。也就是认为汉字的笔划就好像建筑的梁柱一样需要做出合理而美感的处理。这一点深刻反映了建筑中结构的艺术本质，同时也是值得在对中国建筑与艺术关系的研究中深入思考的。（图2—9）

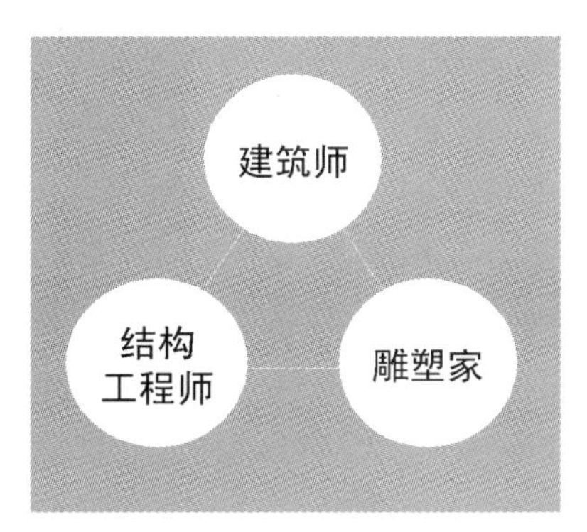

图2—10

在这里，建筑师扮演着一个性格非常多面的角色。他或她既需要有着雕塑家敏锐的艺术感觉，也需要结构工程师理性的工作方法。如何处理好建筑中结构与造型的关系，是建筑设计的一个关键所在，这也是本课程需要讨论的内容。（图2—10）

结构美

结构是美的。结构的美从宏观上反映在建筑体型的雕塑似的壮美，在中观上是结构构件与空间处理妥帖结合的表现力，在微观上又可以看到细部节点精美的处理，所以，结构的美是有很多层面的，同时，它还是有各种不同的方向的。

图2—11

首先，结构美是一种科学理性的美。美国著名建筑学家巴克明斯特·弗勒说道："合理的形式就是美的。"结构美所遵从的最基本原则就是力学法则，而力学法则是一种客观的自然规律。在这一点上，我们无论对建筑造型做何种处理，其基本的结构规律应当符合自然规律。符合力学原理，符合自然法则，所创造出来的形式才可能是合理的，才可能是美的。另一方面，科学重视理性，同样也重视创造，重视发明和发现。我们不会因为在设计中带有结构的理性而忽略形式的创造，但这种创造应该是建立在科学的基础之上的。（图 2—11）

除了一种科学的理性美，结构自身还带有一种形式美。事实上，科学给我们留下许多创造的空间。在满足科学基本原理的范围里，可以有多种多样的形式造型。并且，形式美并不完全依赖科学的方法，有时候，只要经验满足的，实践允许的，都是可以使用的。例如安藤忠雄所做的塞维利亚世界博览会的日本馆，中间使用了巨大的斗拱状的结构体。这处结构也许并不是解决这个空间最省材料或最简单的结构形式，但是它是一种可行的结构式。在可行之外，它可以从其形式的表现力中感到震撼。这种结构的规律性、尺度感和搭接方法都给人一种立体构成的形式美感。（图 2—12）

力的法则是这些结构美的重要基础。如果仔细分析一下，可以把它分为客观的力的作用和主观的力的感觉，或者叫做力量感。力的作用是一种物理规律，它由结构的类型、材料、重量等等这些客观物理元素构成，并使用科学的方法加以分析和计算。而力的感觉则是心理学规律。简单地说，当人看到尺寸较大的物体会觉得它比较沉重，当人看到倾斜的物体会觉得它要倒下。尽管这样的感觉不一定与客观事实相符，也许尺度较大的物体并不沉重，倾斜的物体并不会倒下，但是我们的心理感受在建筑中所起的作用往往是十分巨大的。建筑师在建筑设计中所负责的部分就是建筑的造型、空间、感受、使用这样一些内容，因此，当建筑师处理结构类型的时候，不仅仅要考虑它的力学规律，还要考虑它的力量感觉，它对使用者的心理影响。（图 2—13）

建筑从来就不是纸上谈兵的一些抽象原理，而是泥瓦砖石的实际建造活动。从这个意义上讲，建筑师的设计活动更像是手工艺匠师的

图 2—12

图 2—13

巧妙手指下塑造出来的精美玩意儿。建筑过去是一种工艺，现在和将来也仍然是一种工艺，在工艺的制造过程中表达出来的精湛的技艺与智巧就是一种工艺的美感。就如同人们赞叹刺绣、景泰蓝、陶瓷这样的工艺品一样，人们也赞叹建筑中所体现出来的智慧和艺趣。虽然当代建筑的建造过程已经和古代建筑有了极大的差别，从手工制作早已进步到了工业化生产，但是，且不说仍然有许多工艺是在施工现场制作完成的，即使是在工厂加工好运到现场安装的，也体现出工艺的美感。这就好像是汽车，虽然百分之九十都是流水线上制作出来的工业产品，但是车身上每一道转折，每一条曲线都流露出设计师手工打造般的痕迹。这就是工艺美，是设计师手指下的纯熟的技艺表达。(图 2—14)

伊尔·沙里宁曾说："结构上的完整性和结构上的明确性是我们时代审美的基本原则。"这句话描述了早期现代主义时代，当人们驾驭了技术规律，用科学的方法而不是经验的方法来设计建筑及其结构的时候所充满的自信和理想。作为建筑造型的依据，不论造型发生多么大的变化，只要我们还在地球上建造，重力的规律、材料的能力、自然的法则就是我们无法摆脱的现实。只有激流勇进，做出最为正确的、精确的结构才能完成最美的建筑语言。(图 2—15)

但是，从另一个角度，我们的时代已经不是早期现代主义的时代。

图 2—14

图 2—15

我们时代的科学技术水平和社会审美心理已经发生了许多变化。驾驭一般的钢结构已经不是高技术而只是每个建筑师都需要掌握的普通技术。社会对于美的需求也呈现出多元化的趋向，人们不仅仅喜欢简洁的、纯粹的、合理的、规范的东西，也喜欢复杂的、混乱的、顽皮的、越轨的玩意。这给建筑师带来的既是挑战，也是更广阔的天空。在强大的新技术支持下，美的范畴变得空前宽广，人们可以把完美的设计制作得更完美，把不完美的设计表现得更有冲击力，一切以前认为美或不美的东西在今天都可以被人欣赏。从这个意义上讲，美的意义仍然存在，但是我们更需要的是新鲜的视觉刺激，而把美留给时间去筛选，这就叫做"当代"。（图 2—16、图 2—17）

图 2—16

结构造型的学习和研究方法

结构是建筑中非常重要的元素，它不仅仅是从技术上对建筑的一种支持，更因为它与造型的紧密联系而成为建筑艺术中的一个组成部分。结构造型是把结构设计中与造型相关的内容抽取出来。在建筑设计过程中，把造型与结构放在一起考虑不是机械的拼凑，而是有机的结合。结构的表现就是建筑造型的表现，结构的美就是建筑的美。另一方面，如果失去结构，建筑将失去存在的基础，也就没有美感

图 2—17

可言，所以，一定要把结构与造型结合起来同时考虑，才是建筑设计的合理方法。

但是，在结构造型的创作阶段与学习阶段是一个逆向的过程。在创作的过程中，也就是以后运用结构造型方法做建筑设计的过程中，我们应该以造型为指导，结构表现服从与造型表现，把结构美融入造型美之中。而在学习过程中，为了能够更好地掌握各种结构类型，驾驭结构造型语言的词汇和语法，我们可以把结构类型作为轴线，控制学习的过程和创造力展开的方向，否则有可能迷惑于各种复杂的结构形式，概念不清晰，而达不到全面系统掌握的目标。在学习阶段，我们不是不鼓励创造，但是更应该注意创造应该在一定的约束下进行，目的越明确，效果越好。（图 2—18）

学习结构造型过程中的重要标准就是把握力与形的关系。造型的节奏、韵律、变化等规律应该有结构的相应处理为呼应，而结构中的拉力、压力、弯距等受力元素也应该反映到造型的相应处理中来。卡拉特拉瓦认为："形是力的图解。"很好地描述了形与力的内在联系。这里的"力"还可以理解成为更为广义的内涵，既包括实际的力的作用，也包括因此而形成的力的感觉。形式就是在这些力的作用与力的感觉中变化发展，构成统一的结构造型体。（图 2—19）

图 2—18

图 2—19

作为结构造型，一方面要注意力的作用，另一方面也不能忽略形式本身的积极作用。许多造型艺术的规律和法则都可以运用到具体的结构处理中来。科学中追求纯粹最简单的表达，艺术中有很多时候也是这样。但是人文科学相对自然科学更加微妙，有时候复杂的问题可以用简单的方法归纳处理，而另一些时候复杂的问题就不能那么简单化的处理，只能用复杂的方法处理。有些艺术处理追求的就是复杂的表现，如果简化了就没有味道了，这是艺术与技术的矛盾的地方，也是结构造型设计中的难点所在。（图 2—20）

但并不是说造型艺术就不讲规律，相反，也是有很多规律可循的。例如最基本的规律就是对称与均衡，古典美的表现都是追求对称与均衡的，也追求韵律感、节奏感的表达。事实上与科学中追求简单明确的解决方法是根本一致的，例如我们可以把力学规律归纳为牛顿定律，可以把能量与物质的关系归纳为爱因斯坦公式。这些与艺术中追求纯粹简洁的形式是有很多相似的规律的，毕竟我们如果可以用简单的方法来处理，往往都是最有效的方法。（图 2—21）

此外，当代艺术当中也追求不对称、不均衡的视觉效果，但是这些并不是就没有规律可循，相反，艺术家在创造的过程中常常是有很极端的自明的规律在里面。看上去混乱的东西，实际是有严格的逻辑可以把握的。事实上，当代科学也发展出一些类似的理解，例如：不认为世界的发展的线性的，而是允许有突变的，系统不一定是和谐的，而是允许有各方向的流线运动的。（图 2—22）

建筑中的理念其实经常是滞后于科学与艺术的许多先锋思想的。但是我们也可以从他们那里得到启发，把各种规律运用到设计中来，运用到处理结构这样的技术因素与造型这样的艺术元素之中来。结构造型可以是对称的、简洁的、完美的，也可以是扭曲的、复杂的、动态的，每一种不同的表达都有着自己的存在和发展空间，有着自己的艺术规律，重要的是善于理解这些规律，灵活使用。（图 2—23）

在学习结构造型的过程中，我们也鼓励从自然中吸取灵感。无论是从当代重视自然的角度，还是从万物本源于自然的角度，自然都是值得我们给予更多研究和学习的目标。无论是纯粹生长出来的有机形

图 2—20

图 2—21

图 2—22

图 2—23

态，还是经过人提炼抽象的人工自然形态，从其根本上讲，都追求对自然法则的尊重。的确，我们所需要的也正是这样一种对自然规律的遵守，而不一定是对自然形态的简单模仿。（图 2-24）

图 2-24

自然界中的结构与造型是有着内在的一致性的，建筑也应该追求这样一种结构与造型的一致性。这种一致性并不是要抹杀创造力的空间，而是要使我们更为有效、更为优美地处理建筑中的形式与内容。结构造型不应被看成只是一种技术而与建筑设计无关，相反，它是建筑学本体的一个组成部分。建筑师应该学会驾驭结构造型语言，在理性与浪漫之间完成自己的建筑设计。

结构造型的元素

结构中既包含可靠性的技术因素，也包含美观性的艺术因素。既然含有艺术因素，就可以用很多艺术原理来理解和解释其中的现象。结构造型与艺术构成有很多相似的地方，因此许多构成的原理和方法都可以借鉴到结构造型的设计中来。

在平面构成和立体构成中，点、线、面是其中的基本构成元素。点是在空间里，与其他元素相比，尺度可以忽略不计的元素。点既可以提示重点关键部位，也可以烘托气氛。虽然它的尺度很小，但是往往是视觉中吸引人的地方，一个精彩的点可以控制一片区域，形成一个围绕其周围的场。建筑设计中的点的含义很多，例如广场里的一座纪念碑，虽然个体很高大，而与广场相比则尺度可以忽略的情况下也可以被看成是点。而结构造型中使用最多的就是节点，它往往是连接不同构件的关键位置，是建筑细部的组成部分。很多时候节点设计是否精致合理决定了建筑形象给人的感觉是否经久耐看。（图 2—25）

图 2—25

线与面分别是一维和二维的构成元素。线具有轴向的属性，因而很多时候可以表现一个方向的动势，在结构中可以很好地对应于各种受力的杆件。这些杆件受拉、压、弯、剪、扭等作用下，会产生不同的形态，也可能会由若干杆件组合起来，协同受力。这给了形态构成很多可以表现的空间，无论是直线、曲线、折线都带有自己不同的性格。一方面要考虑线的这些属性，另一方面也要结合它们的内在受力因素，才能最大限度地表现力量与动势效果。面是由线排列起来形成的造型元素，它与线有很多相同点，也有很多不同点。面通常是用来表现一个空间的遮蔽，也可以来表现一定的形体范围。一些特殊的面，如直纹面，也带有线的属性，可以表现一些特别的方向感和动势感。面更多时候是组合起来，形成立体或者空间的围合。这个时候，无论是直面、球面，还是自由曲面，都成为形体中的背景，占据最大的视野范围。由于线和面具有很多与结构类型相关的属性，我们的结构造型设计就按照线与面的原则来划分不同的范畴。（图 2–26、图 2–27）

图 2–26

此外，结构的材料和类型也都是可以利用的构成元素。材料是不能与结构分离的元素。无论是混凝土、砖、石材、钢、玻璃、木材、纤维材料，每一种材料都有自己不同的密度和受力能力，因而适用的造型形态和结构方式都有很多区别。我们需要掌握各种材料的属性，发挥各自的优点，在恰当的地点使用恰当的材料，或者在使用某种材料的时候选择适当的类型，才能做出最地道的建筑处理。

而各种结构类型，则在不同场合，不同尺度的建筑中各有千秋，也需要特别去把握其中的不同效果和不同适用范围。在接下来的三章里，我们把结构类型分成直线形、曲线形和空间形。这种分类方法并非按照结构工程专业对于结构的分类方法，而是从建筑的造型形态角度认识结构出发，既考虑到按力学分类的结构体系，也考虑到立体构成的一些规律方法来划分的。

有了这些构成元素，就可以对其进行组合排列。可以使用节奏、韵律的方法，也可以用穿插、变形的方法，针对具体的造型进行不同的处理。在开始，也许是稚嫩的模仿，或者机械的套用，但是在领会了结构与造型的内在联系，有了一定程度的经验之后，就可以做出具有很高艺术价值的构成与设计。

图 2—27

第三章　直线形结构造型

直线形的结构，根据本书的分类方法，是把主要结构构件中符合直线形态的一些结构类型组织起来。主要包括：框架结构、桁架结构、拉索结构等。这几种结构既有共同点，也有区别。从形态上的共同点是都是直线形的，具有直线刚直、挺拔的造型性格。从力学上讲，共同点在于受力都是在一个平面范围里展开的，关于这一点可以通过下文的事例进一步理解。

框架结构

在这几种结构类型中，框架具有非常典型的特征，可以说，其他结构都在一定程度上可以看成是框架的衍生物。框架从视觉上给人一种稳定的感觉，而稳定应该作为我们结构造型的第一个基本原则。稳定的含义包括平衡和牢固两方面，平衡就是外力和内力的总和达到相互抵消的状态，但是平衡的状态还达不到建筑允许的状态，就如同天平，虽然达到平衡状态，但是不够牢固，稍有外力就会破坏这种平衡。而牢固的因素就限制了这种外力对平衡的破坏，或者说，牢固的状态使得平衡可以保持得更持久。这两点加起来就构成了稳定的状态，这就是一个建筑结构要求的基本状态，它可以抵御风、雨、雪，甚至地震的破坏，也禁得住家具和人的活动。（图 3—1）

框架是我们现在应用的结构中最为广泛的一种。可以说，百分之九十的建筑物都是用框架结构搭建起来的。虽然有着这样那样的缺点，但是施工的简单和技术的成熟决定了框架结构在实际生活中的应用是别的结构形式所无法替代的。

追溯历史，中国古代建筑是较早成功使用框架结构的建筑体系。不仅仅使用了梁和柱，甚至连抬梁式的坡屋顶都是用框架支撑的方式制作起来的，而不是像其他国家使用类似桁架的结构形式。框架结构带给中国建筑的优点就是空间宽敞，开窗通亮。往往开窗的部分都是

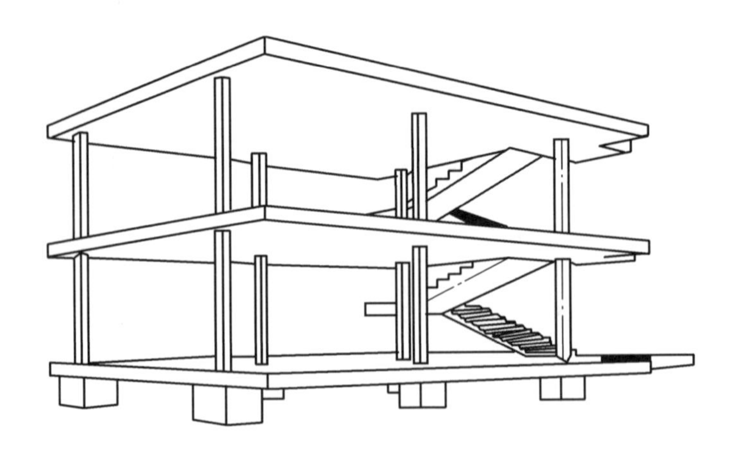

图 3—1

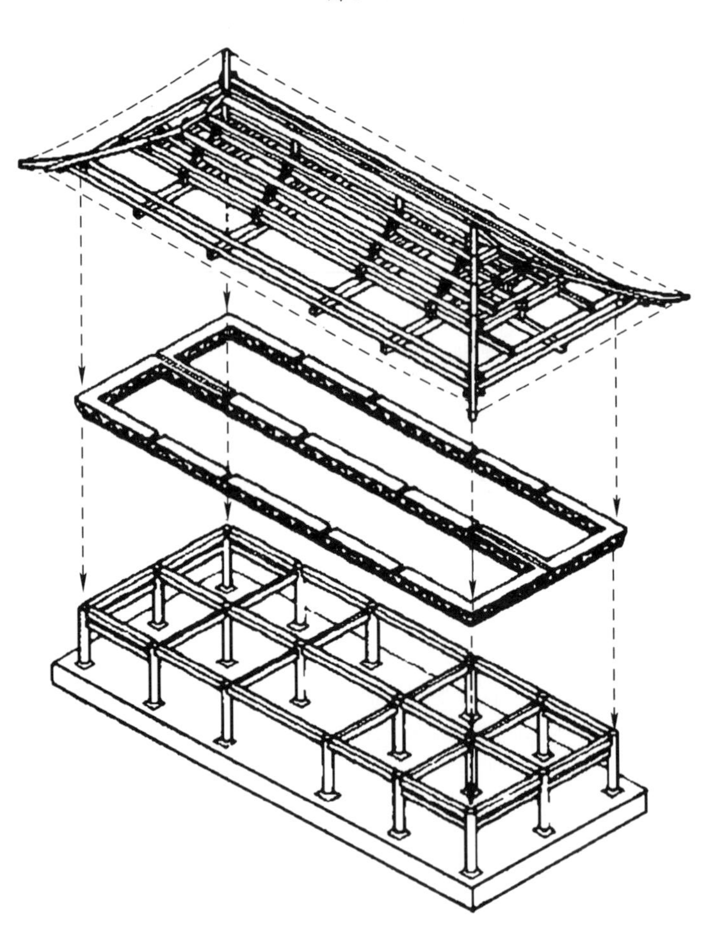

图 3—2

隔扇门的形式，完全不承担上面的荷载。甚至于不开窗的砖墙部分，也不承托上面的荷载，只承担自己的重量。这就使得中国建筑可以做到“墙倒屋不塌”。相比起西方古代建筑使用砖石拱券技术达到的空间开敞程度，中国古代建筑有着更大的自由度和灵活性。这也是为什么现代建筑更喜欢使用框架结构而不是用墙体结构。（图 3–2）

框架结构的应用范围是十分广泛的。沙里文曾经说：“当框架被放在两个基础上，建筑便发生了。”的确，最简单的框架也许就是在基础上的几根梁和柱组成的。梁是水平受力构件，柱是竖直受力构件。因此，框架就形成了简单的横平竖直的方形的笼子样式，加上围护构件以后就是我们最常使用的方盒子。虽然很多人觉得方盒子的建筑很乏味，但是在我们的城市和生活环境里，方盒子使用得最多，因而框架结构也使用得最多。但其实，设计就是一种处理，同样是做方盒子，密斯·凡·德罗就可以把它的比例、尺度、细节、材料处理得十分精湛，成为众人景仰的作品。所以说，重要的设计推敲，而不是结构类型本身的问题。（图 3–3）

图 3–3

框架结构并不只包含梁和柱，也包含楼板和墙体。框架可均匀分布荷载，再将这些荷载通过梁或板传递给柱，由柱垂直传递给基础。框架也有缺点，就在于四边形的不稳定性。从平面几何的角度来讲，任何四边形都有可能发生平行四边形变形，造成结构的整体倾覆。为解决这个问题，框架的侧向稳定性可靠三角形斜撑、刚性接头或剪力墙提供。所以，一个稳定坚固的框架结构建筑一定包括：梁、柱、板、墙或斜撑，这些构件共同作用保证了建筑的可靠性。（图 3-4）

图 3-4

力和力量感是我们认识结构类型的重要切入点。从力的角度来看，框架结构是比较明确的。从力量感上来看，却比较复杂；因为框架结构中的不同构件，由于使用条件，如跨度、高度等的不同，以及构件本身的材料和使用方法的不同，会呈现出许多不一样的效果。例如同为密斯的作品，伊立诺理工学院建筑馆就显得厚重、结实，突出纵向线条，梁也夸大并展现出来，因而显得十分粗壮；而巴塞罗那馆就完全是另一种感觉，梁被板取代了，柱子被隐到了暗处，只有轻盈的屋面水平伸展，而不承重的墙体也加强了这种水平方向的延伸感。两座建筑前者的力量感是纵向的，后者是横向的；前者显得很沉重，后者显得很轻灵。这是同样结构的不同处理造成的不同的力量感，也形成了不同的建筑美。（图 3–5）

图 3–5

事实上，当我们在结构力学允许的范围内，调整梁、柱、墙的数量、比例、排列方式和截面形式等这些因素的时候，看似枯燥的框架结构展现出无比丰富的表现力。例如可以把柱子陈列成柱廊，不同长度，不同高度，不同间距的柱廊有着不同的性格；也可以像路易斯·康一样把柱子和墙当成构成中的线和面，组成一定的肌理。框架结构有着相当的宽容度，并不是一提起来就只有8m见方的柱网。事实上当你仔细的处理每一个柱与柱、柱与梁、墙与柱等等的关系的时候，结构就变成活的东西，就可以变成你造型的有力手段。（图3—6）

首先来看支撑构件，一般包括柱和墙，是竖向的结构构件。柱子的结构功能非常明确，主要用来承载竖向的压力，柱端的接头可以是铰接、固定和悬臂。由于是受压，因此往往需要表现出结实有力的建筑形象。一般柱子做得比较粗，除了要有足够的承载力来承托上面的荷载，还有一个重要原因就是避免失稳。失稳就是在构件长细比达到一定数值的时候，构件的强度依然足够，但是由于构件自身材料的不均匀，造成某一部位突然失去稳定而变形，进而整个构件破坏的现象。一般受拉构件不存在失稳的问题，只有受压构件会失稳。所以，设计柱子的时候要注意到失稳的问题。但是，这并不是说柱子就是一定要做得非常粗，设计师可以有很多方法使得柱子虽然实际很粗，但视觉上并不那么笨拙。例如，同样的构件断面尺寸下，"十"字形的柱子在视觉上就比"口"字形的柱子显得要高耸一些，原因是它在竖直方向的立面上增加了一些线条，改变了原来的立面比例造成的印象。除了变截面柱，我们也可以用束柱、桁架柱等方法来加以调整。此外，柱子也不一定就必须是竖直方向的，适当的倾斜，只要仍然是承受荷载压力的构件仍然可以视为是柱。（图3—7）

在结构造型设计中，非常重要的就是柱与梁的关系，它们的比例、形式和连接。从构成的角度考虑，一般来说，梁柱尺度相同的时候，形式感比较纯粹；梁比柱大的时候，显得比较有份量，因为上面的体积感大于下面的体积感；柱比梁大的时候，有拈轻若重的感觉。当然这种相对的比例关系也与构件的绝对尺寸有关，尺寸大的总是显得沉重，尺寸小的总是显得纤巧。在梁柱的连接方式上，既可以是梁放在柱子上，也可以是梁连在柱子侧面的形式。而节点处

图 3—6

图 3—7

理根据连接的要求可以分为刚性连接和铰接，也因此可以有平接、插接、点连接等不同的形式处理。（图 3-8）

图 3-8

另一个重要的承重构件就是墙体。墙体可以看成是一排紧密相接的柱子，但是墙的作用不仅于此，除承重之外，墙体还可以承担抗剪和围合空间的作用。抗剪就是抵抗框架结构体系的横向受力而起的作用。我们把承托重量的墙称为承重墙，抵抗剪力的称为剪力墙，不承重的可以称为非承重墙、填充墙或者隔墙。承重墙也可以承担抗剪的作用。由于兼具结构作用和围护作用，墙体的重要性不言而喻。但是，当墙体承担结构作用的时候，它在空间中的安置就不够灵活，而柯布西耶所希望的自由墙体只能是非承重墙的形式。但是，由于梁柱体系的抗侧向力能力差，经常会适当结合一些墙体来配合。墙体由于是面的造型，所以比例关系和轮廓形状就更为重要。而墙上可以开洞或窗，都会改变墙的结构能力和视觉效果，需要结合建筑设计与结构设计综合考虑。至于墙在空间中的效果，应该是起到最为重要的表皮和限定作用，但是关于这方面的处理超出本书的讨论范围，可以参考空间设计的相应书籍。（图 3-9）

框架结构中的横向构件也是非常重要的元素，主要包括梁和板。通常情况下，都由板来承托荷载，然后把重量传递给梁，梁再传递给

图 3—9

柱，柱传递给基础。板和梁都是受弯构件，这是它们共同的受力特征，决定了它们的形式。梁的大小决定于它的跨度和两端的节点形式。跨度越大，梁的截面就越大。另一方面，一个矩形的梁的截面包括高度和宽度，但是两个方向的受力能力是不一样的，高度方向的承重能力相对宽度方向要更强，也就是说同样增加高度或者宽度，增加梁的高度对改善其承重能力更明显。简单来说，建筑师可以根据这样一个规律来估算自己的梁柱尺度，即梁高大于跨度的1/12，梁的截面高宽比例在3:1到1:1之间，常用的就是3：2，即梁高3份，梁宽2份。而柱的截面一般大于梁的宽度。(图 3—10)

梁是生动有表现力的结构构件，它有很多形式。从平面上看，有主次梁结合的，有密肋梁排列的，也有井字梁形式的等。梁的截面也可以发生变化，例如在悬挑出去的部分把梁高减小而使梁头看上去轻巧。也可以有斜梁的布置，使屋面产生变化，空间产生趣味。而从连接节点方式来看，主要有简支梁、连续梁、悬臂梁。梁是受弯构件，因此梁内部的变形和内力是有所不同的。一般的简支梁都是上面受压，下面受拉，所以在钢筋混凝土梁中都是把钢筋布置在下面，起受拉作用，与上面受压的混凝土协同工作，承受弯矩作用。而悬臂梁则与此相反，一般变形中延伸的部分都会受到拉力的内力作用，压缩的部分都会受到压力的内力作用。(图 3—11)

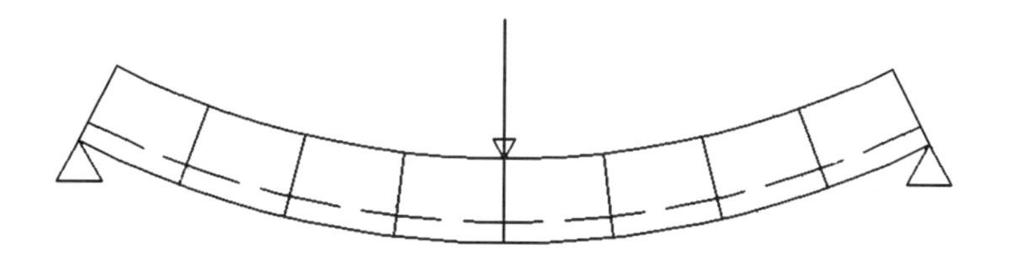

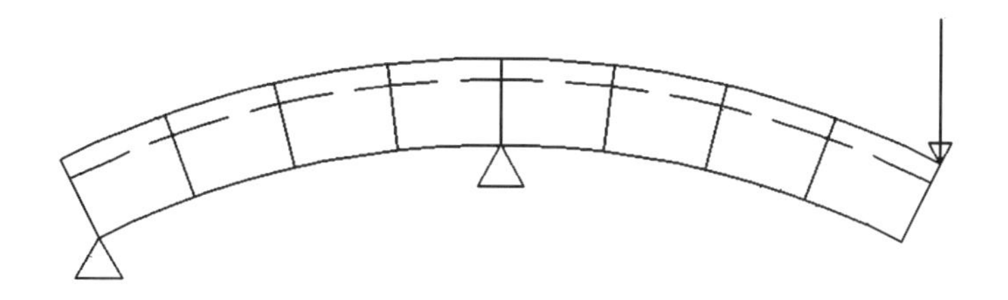

图 3—10

图 3—11

梁板柱的组合是传统上认为比较经济的方式。但是随着人们价值观的转变，也对这种方式提出很多置疑。很多建筑师更愿意做截面高度较小的梁，甚至做厚板而不要梁，也有比较折衷的扁梁的处理。这样一些做法的出发点有二：一是觉得截面较高的梁显得过于厚重而且笨拙，尽管可以有一些办法尽量让梁显得轻盈，但是其物理规律决定了它必须满足必要的截面高度；另一个原因就是这样的截面高度占据了较大的空间，使得设备难以布置，人的可用空间变小。而做扁梁和厚板的方法肯定要费更多的材料，但是可以增加空间的利用率。材料是价值，空间也是价值。建筑师此时就得学会权衡两个价值之间的关系，需要综合其他很多因素来考虑，而不能简单根据一个方面的原理来确定采用何种形式。（图 3–12）

图 3–12

框架结构也有很多变化，例如香港汇丰银行就结合了许多拉杆，组成板－拉杆－柱的结构体系。也可以是梁柱适当倾斜的，例如很多"解构"风格的建筑，其实结构原理仍然是框架体系，但是带有斜度的构件在很多时候都比横平竖直的形式更有视觉冲击力。也可以是做成刚架结构，即节点都处理成刚性的，会突出节点的尺度和形式感。这些都是一些可行的框架变化。事实上，框架是运用最广泛的结构形式，它可以完成绝大多数建筑的造型，有着非常宽广的适用范围。（图 3–13、图 3–14、图 3–15）

图 3—13

图 3—14

图 3—15

桁架和拉索结构

可以说，桁架是框架结构的一个合理的延伸。在上面提到的框架原理中，如果按照一般跨度的估算方法，当跨度比较大的时候，梁的高度将大到一个非常荒谬的境地，例如 24m 的跨度就需要 2m 高的梁。这样尺度的构件无疑会显得过于沉重，而且会浪费很多材料在自重上面。为解决这个问题，人们适当挖掉梁上的一些部分，形成空腹梁的形式。后来人们逐渐应用桁架的形式，即用杆件组合起来的三角形结构代替梁的作用。由于保证了一定的截面高度，使得可以满足梁的抵抗变形的要求。同时由于是空透的，所以视觉上比实心的梁要显得轻巧了许多，尽管截面高度仍然要遵守框架结构的一些估算方法，并且，桁架的构件也显得很有视觉表现力，设备管线从理论上讲也可以穿过桁架而节省人的使用空间。尤其是在钢结构广泛应用之后，桁架的制作施工都显示了一定的便利性，所以使用场合也非常广泛。（图 3–16）

图 3–16

桁架的基本构成单元就是三角形，三角形有着其他多边形所不具有的稳定性。从几何的角度，如果多边形各顶点是铰接的方式，矩形等形状都可能发生平行四边形形变，只有三角形不可能发生形变。而

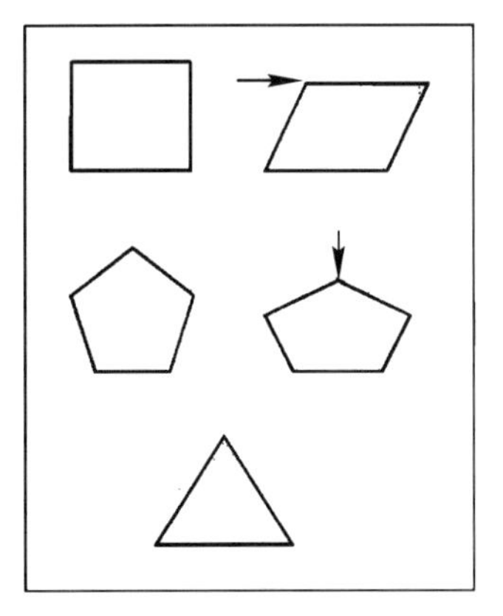
图 3—17

要加强其他多边形，可行的办法就是在其中增加斜撑或斜拉，把它细分成三角形单元而获得稳定性。在桁架里，由于三角形的各个顶点都是铰接的方式连接，所以就不存在弯矩的作用，剪力也通过节点变成桁架的内力，桁架内的杆件只受拉力和压力作用，受力明确，便于计算、设计和施工。（图 3—17）

从艺术效果上来看，桁架也通过尺度的不同处理获得轻灵剔透或者稳重厚实的不同效果。当杆件较细，或者空间较大，排列较稀疏的时候就显得十分飘逸，反之则十分有力的感觉。在这两者之间的处理则有着各种可能的丰富性格。（图 3—18）

图 3—18

桁架也可以有很多不同的形式。从整体上来说，可以把桁架看成是梁。因此梁所具有的变化，桁架都可以具有。而桁架也有很多自己的形式变化。一般桁架构成中，上面的杆件称为上弦，下面的杆件称为下弦，中间的杆件称为腹杆。桁架的立面形式以三角形、矩形、梯形的居多，也可以是边缘比较自由的形式，但最重要的一点就是要满足基本构成单元必须是三角形。和梁十分类似，桁架中有受压的部分，也有受拉的部分。我们可以把受拉的部分做得适当细一点，受压的部分适当粗一点，这主要是因为受压杆件容易失稳的缘故。（图 3—19）

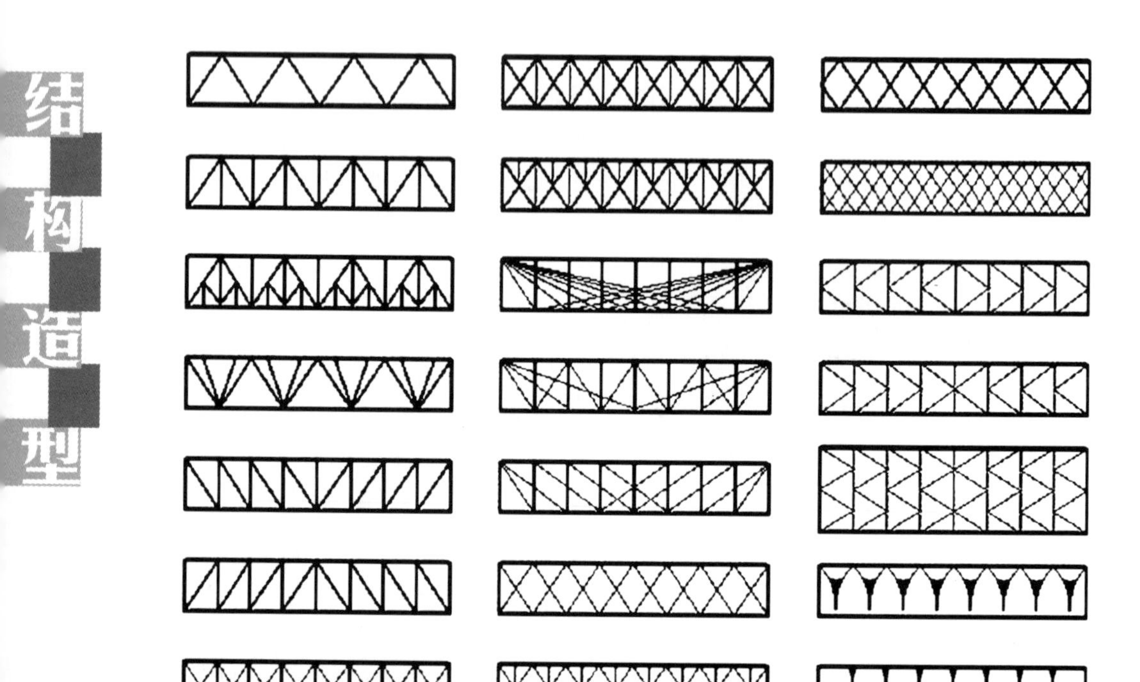

图 3—19

桁架的杆件具有很丰富的表现力，例如诺曼·福斯特设计的圣斯拜瑞艺术中心。由于建筑希望有一个灵活的大空间，因而最终选用了桁架的形式，可以取得比较大的空间跨度。符合平面结构体系的规则，形成一连一连的相对独立的桁架，每一连桁架的受力都在一个平直的面内，各连之间有连系梁整体连接。桁架的断面也是三角形，构成了一个立体的桁架，而不是完全在一个片状的面上。这样可以增强各连桁架的牢固程度。同时，倒三角的上弦部分用了两根杆件，下弦用一根杆件也符合上面受压而需要较多材料、下面受拉可以相对较小的原则。柱子经过一番推敲选择了现在的形状，也处理成桁架的样式，这也是柱子可行而且很有效的一种处理方法。由于桁架把杆件分成许多小的三角形，因而使得内部杆件相对的长细比降低，在满足耐压的前提下可以不至于失稳。并且把作为梁的桁架与作为柱的桁架做成同一尺度，显得形式感非常单纯，是这座建筑设计的特色之一。（图 3–20、图 3–21）

桁架还可以做得超出一般梁的尺度，而形成巨型结构，例如巨大的铁路桥，就是巨型桁架，车辆可以在里面穿过。在一般民用建筑中，也会使用一些巨型结构占据整个楼层的高度，用于像结构转换层等很多部分。但是由于不是很便于开窗，所以使用会受一定限制。（图 3–22）

图 3–20

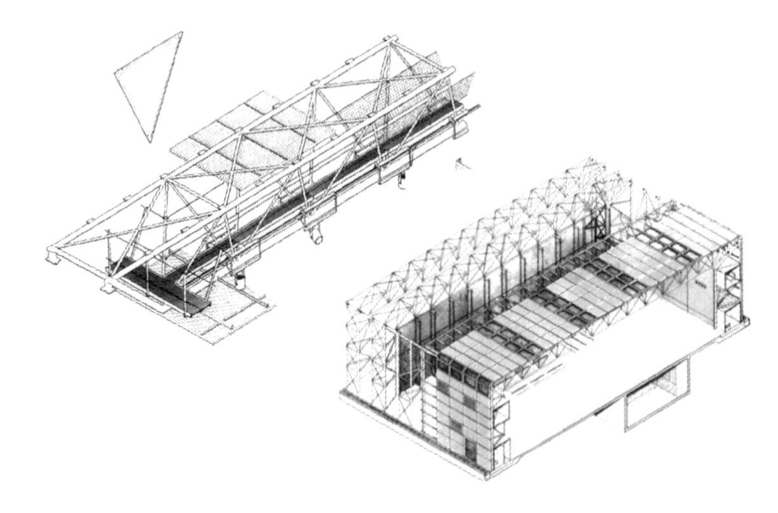

图 3—21

图 3—22

桁架的基本原理就是利用了三角形的稳定性。人们在进一步探讨桁架的时候发现，事实上许多受拉的杆件其实可以做的更加纤细，甚至可以用索代替。索就是有强度、没有刚度的构件名称。有强度可以承受拉力，不会破坏，没有刚度就是可以任意弯曲。而受拉状态是自然成形的，并且不存在失稳问题，因而可以使用钢索来达到目的，充分发挥钢材耐拉的材料性质。（图 3—23、图 3—24）

拉索结构由于有着十分自然的形态，即索的形完全是由拉力产生的，符合形是力的图解的原理，因而最为自然。很多拉索建筑都有很强的张力感而富于表现力。由于很好的发挥了材料的性能，拉索结构被用于很多大跨度建筑当中，例如许多斜拉桥。而索的排列和拉结方法产生出很多韵律与节奏的感觉，给人美的享受。（图 3—25）

图 3—23

图 3—24

图 3—25

作业分析

直线形的结构主要包括框架、桁架和拉索结构。这些结构相对其他类型要简单一些，所以我们把它布置成第一个作业。由于学生刚开始接触结构造型，很多概念仍十分模糊，所以在开始的阶段应该严格强调结构概念的准确性。在结构与力学方面关注的内容多一些，等学生头脑中有了一些基本的理解之后，再逐渐放开对造型方面的约束。

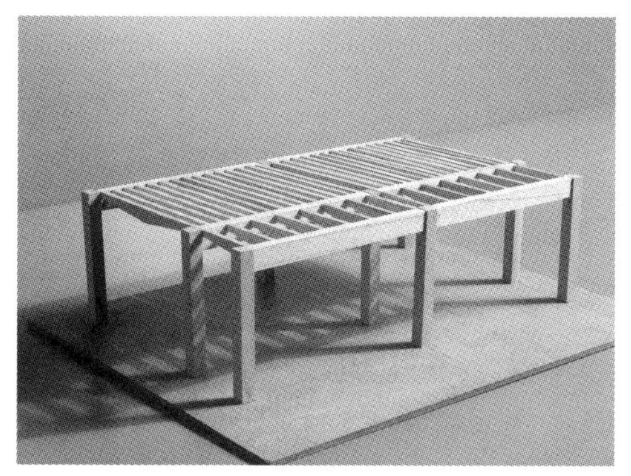

图 3–26

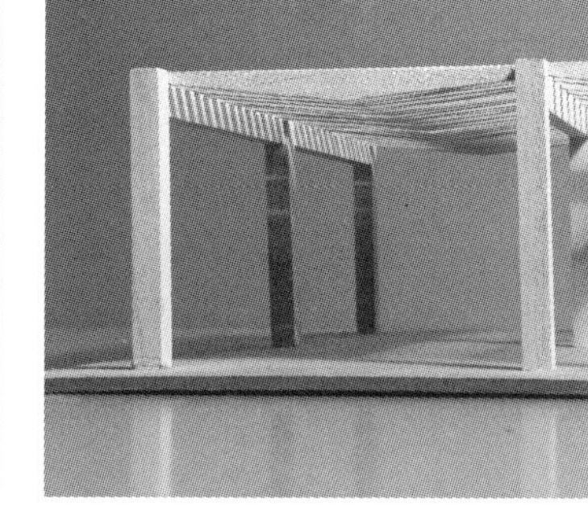

图 3–27

图 3–26、图 3–27

学生：张寒莹　班级：03 建筑

这个作业在设计的过程中经历了很多反复。开始时更多的是想在形态上做一些文章，但是由于是第一次把技术因素融入造型之中，所以控制能力不足，总是不能很好协调各种矛盾。在这种情况下，教师建议学生抓住一点来深入发展。结合之前的一些考虑，学生就抓住了变截面梁这一主题，在梁的造型方面做了一些处理。最后的成果十分简洁，框架结构的概念表达十分清晰，而比例关系推敲也十分适当。变截面的密肋梁在空间中产生较好的韵律感，梁的排列节奏均匀而连续，并且有微妙的变化，耐人寻味。梁头的连接也十分巧妙，具有深入发展细部的潜力。

图 3—28

图 3—29

图 3—28、图 3—29

学生：晏俊杰　班级：03 建筑

这个作业也是处理非常细腻的类型。学生使用了带有转折的密肋梁，折梁的下缘被修饰成曲线形，使空间的边界变得柔和。为了避免单调感，在两个开间里对折梁的朝向做了对调，使得空间里有了阴阳对比的感觉，同时出于空间里的时候又可以体会到这种变化带来的方位感。整体结构关系明确，构件的比例和细节处理很仔细。

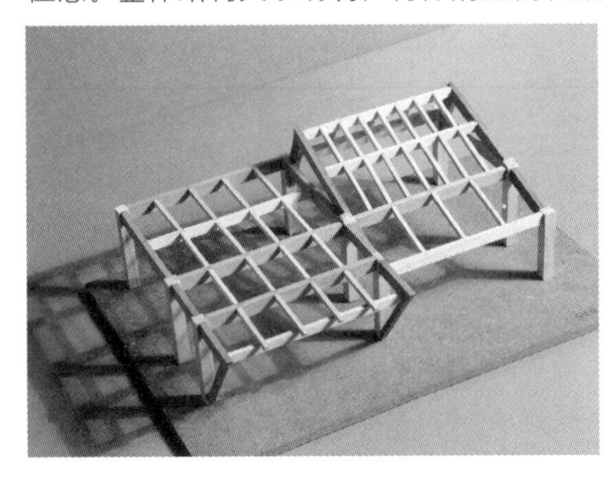

图 3—30

图 3—31

图 3—30、图 3—31

学生：崔晓萌　班级：03 建筑

这个作业在两开间的空间里分别做了一个平屋顶和一个斜屋顶，平屋顶的前端做成倾斜的支柱，斜屋顶的后部做成向北的天窗。斜屋顶与平屋顶的高度也上下分别错开一点，形成交错的空间感觉。空间里一端比较静，一端比较动。结构采用了主次梁的方式，梁的分格有比较丰富的变化，但是缺点是节奏上少了一些统一感，因而显得左右的呼应不够。

图 3—32

图 3—32

学生：王跃颖　班级：03 建筑

这个作业是在框架结构的基础之上，又搭上一个折面的屋顶。折面屋顶的所有斜脊都支撑在下面的主梁上，但是由于同时存在上下两个层次的的梁架，感觉有点混乱。前端出挑的小梁开始时都从主梁上凭空生出，后来考虑会对梁产生扭转的作用，因此在后面增加了延伸配重的部分。整体结构最终虽然可行，但是存在许多冗余的部分，是由于开始时结构概念有偏差，后来的调整缺乏系统性造成的。

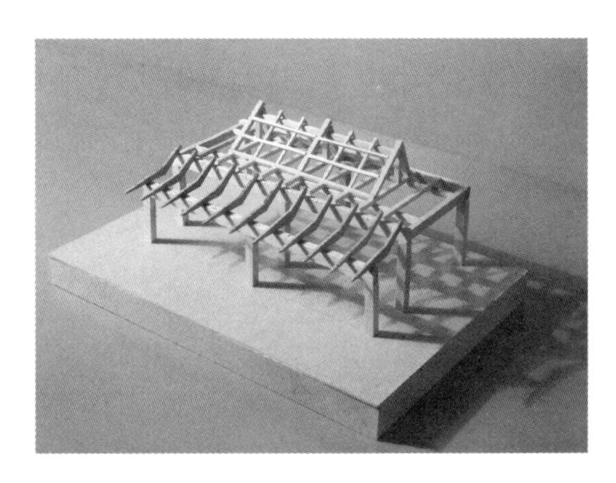

图 3—33

图 3—33

学生：阳威　班级：03 建筑

基本结构形态比较完整，前后两进深空间分别做成出挑小梁和一个坡屋顶，体型比较丰富，而且很多节点都做了修饰，例如出挑小梁削成尖锐状，比较符合力学原理。但是后面的坡屋顶的生成有点偶然，并且没有架在主梁上，而是又做了一个小型的交叉梁来承托，结构逻辑有点复杂化，而且尺度把握欠理想。

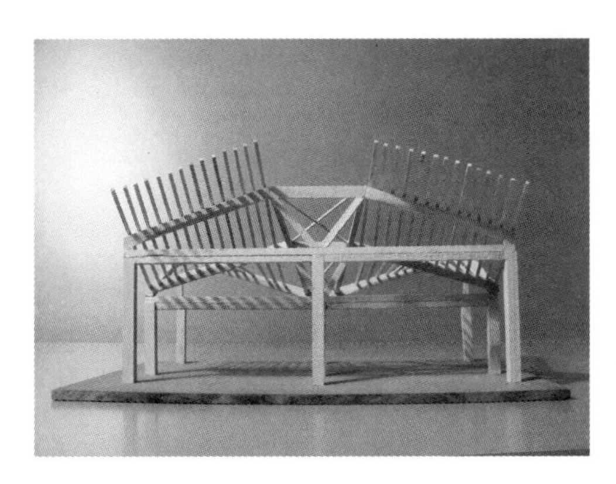

图 3—34

图 3—34

学生：易琴　班级：03 建筑

造型很夸张，有很强的力量感。结构体系基本合理，但是几个平直的主梁作用不明显，因为屋面结构都落在其下面的梁上，所以几个水平的梁有点冗余。此外，左右两个部分的密肋斜梁很有动感，但是中间连接的部分处理显得很弱，手法也与两侧的不一致。整体形式的尺度感把握不是很舒服。

图 3–35

学生：吕志伟　班级：03 建筑

这个作业做了两个相对的斜屋顶，体型和内部空间的感觉都比较丰富。结构体系也很简单有效，没有多余的构件，在梁头等部位也有一定处理，但是整体感觉比例处理不是很理想。构架设计的过于粗大，显得沉重，左右两构架的连接和角度不是很完美，对位不够精确。

图 3–35

图 3–36、图 3–37

学生：朱佳佳　班级：01 建筑

这个作业的屋面采用了桁架结构。桁架的上弦为不规则的折线形，下弦为直线形。这种桁架与我们一般见到的边缘规则的桁架有很大区别，但是它也符合桁架的基本原理，即具有必要的高跨比，并由三角形分割成稳定的内部结构。为了增加屋面的整体性，在三了榀桁架之间也以略小的桁架连接起来。柱子与屋面的桁架之间也做出支杆来增加连接的整体性，保证结构不会整体倾覆。富于变化的桁架形成了屋面波浪似的起伏感，很活泼而且形成一种由三角形构成的肌理，很有趣味。

图 3–36

3–37

图 3—38

图 3—38

学生：姜林玮　班级：01 建筑

采用了单元重复变化的立体构成方法来组织 5 个外形相似的桁架单元。每个单元都由两根支柱支撑，桁架的截面形式做成向边缘减小的形状，符合力学原理，但是每个单体的稳定性都不好，整体又缺乏坚固的联系，所以存在整体倾覆的隐患，此外，几个形体组成的屋面镂空较多，空间可用性和围合感不是很理想。

图 3—39

图 3—39

学生：孙磊　班级：03 环艺

桁架的概念非常清晰，形式富于力量感，几品主桁架之间用桁架联系也很适当。但是桁架微观的比例关系值得进一步推敲，设计的意义就在于对于比例和细节的把握要使其达到美的状态，这是需要提高的。

图 3—40

图 3—40

学生：张传奇　班级：03 环艺

也是运用桁架很好的作业。并且在短跨上面的桁架变化成水平的形式，而悬挑出的部分的斜屋面延长线仍与另一侧的斜屋面顶端相交，具有很好的结构造型。桁架内的划分也比较细致，但也有不甚完美的地方，可以通过调整角度和距离等方法使之更规律。但在后面的部分缺少一条主要的结构作用的桁架，使得屋面有一条边出于悬空状态，是比较大的结构问题。

图 3-41

学生：程志哲　班级：01 建筑

作业把基地选在坡地上，因此屋面也做成顺应地形的折面变化，造型自然与环境构成有机联系。主要结构采用折线形的桁架，桁架的基本概念理解正确，变化也有一定趣味。

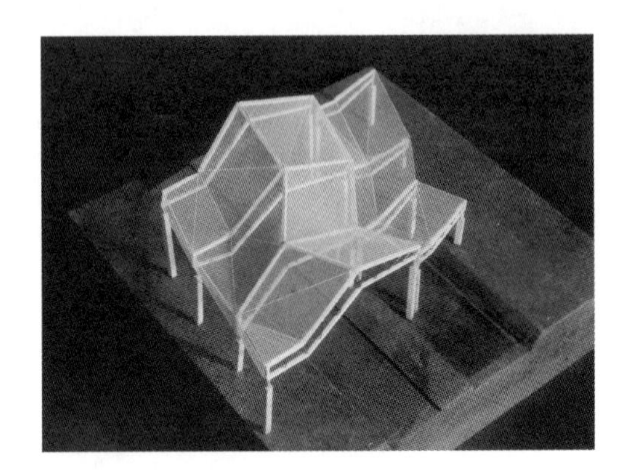

图 3-41

图 3-42

学生：周贝贝　班级：03 建筑研究生

采用几个相似的单元构成螺旋上升的整体形态。单元采用简单的桁架方式，但其中的悬挑杆件过于细弱，其中的一些变化打乱了形式的整体感，更像是雕塑而缺少建筑中必要的空间感。

图 3-42

图 3—43

图 3—44

图 3—45

图 3—43、图 3—44、图 3—45

学生：李黎诗　班级：02 环艺

这个作业利用了三角形稳定性的原理，把支柱、屋面和屋面构架都做成三角形的连接。三角形的连接比正交的连接方式更富于动感，每个三角形又处理得不尽相同；因此形成了建筑整体中带有微妙变化的情趣。看似十分不经意，但其中各个杆件都根据视觉感受做出相应调整。可以把整体结构看成是一个巨型的桁架，也可以看成是三角形的折板体系，其稳定性都是可以肯定的。这个作业妙在于它的动态感中蕴涵着稳定的原理，完整的形体里有着无穷细微的变换，形成自己的系统的结构逻辑语言。

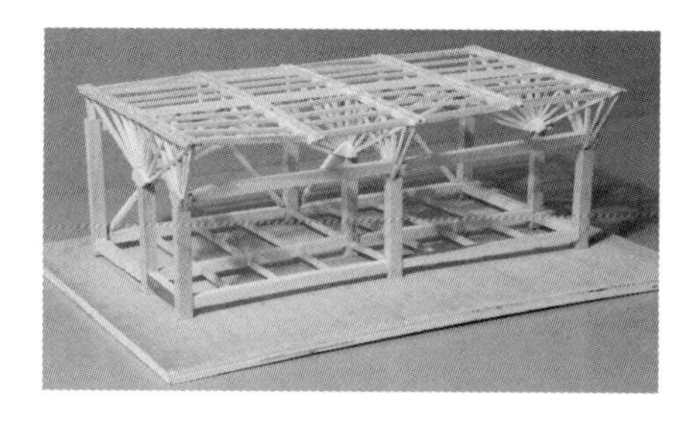
图 3—46

图 3—47

图 3—46、图 3—47

学生：何欣　班级：03 环艺

作业中最为醒目的是树形的支撑结构，富于一种夸张的力量感，空间感受强烈，并且很多细部设计都做了考虑，例如用双梁夹住树形支撑，树形结构的节点也有所考虑，留出深入设计的空间。但是在横向上由于缺少主梁和必要的支撑，比较薄弱，从现有模型上已经可以看出微微塌陷的问题，其根本是有结构缺陷造成的。

图 3–48、图 3–49

学生：胡泉纯　班级：03 建筑研究生

作业非常大胆地使用了富于挑战性的索桁架。索桁架是一种完全柔性的桁架，它的上下弦都是索，因此必须在施加外力使其张紧的情况下才有可能成立。这个作业很好地使用了索桁架的结构造型制作出一个没有横梁的屋面。而两边的桅杆，不仅仅起到承托竖向荷载的作用，更需要拉结索桁架使其成立，作业中用两侧的拉索将其固定在地面上。拉索拉在顶端，力臂较长比较合理，拉索在下面分成八字形，可以有效保持每一榀桁架的侧向稳定。桅杆也做成桁架的形式使其在变形方向有更好的刚度。整个设计有很好的张力感，力学原理使用十分合理。

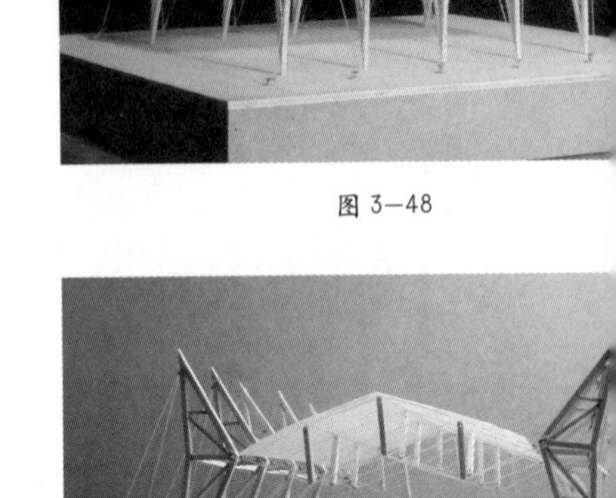

图 3–48

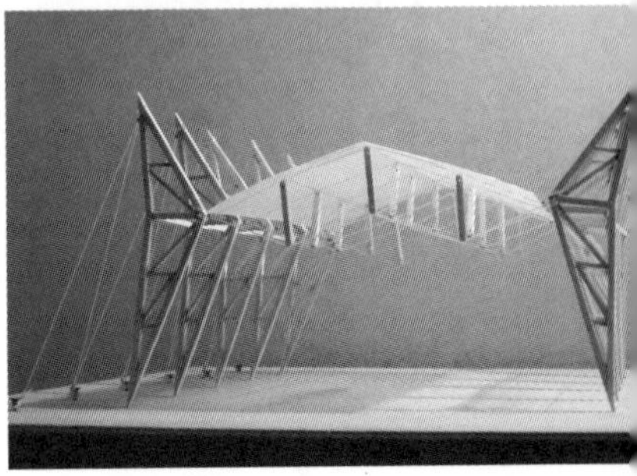

图 3–49

图 3–50、图 3–51

学生：李丽妹　班级：01 建筑

这是一个非常完美的作业。左右两个重复的单元相对独立，每个都有很好的稳定性和造型美感。单元中间采用四根支杆搭成金字塔形，形成坚固的核心支撑结构，在此结构之上，采用拉索吊起向外伸展的翼状屋面。考虑到小建筑的自重较轻，有可能受到风产生的上举力作用而使上端的拉索松弛失效，因此增加了向地面的拉索，上下两道拉索把屋面牢牢固定住。由于采用了拉索，使得结构非常轻盈，造型舒展大方。结构系统清晰完整，受力与造型的表达直接明确。在屋面上，设置了交叉的支撑来增加水平方向的刚度，连接部也做了相应的支撑加强，细节推敲也十分精致。整个作品体现了“形是力的图解”的原则。

图 3–50

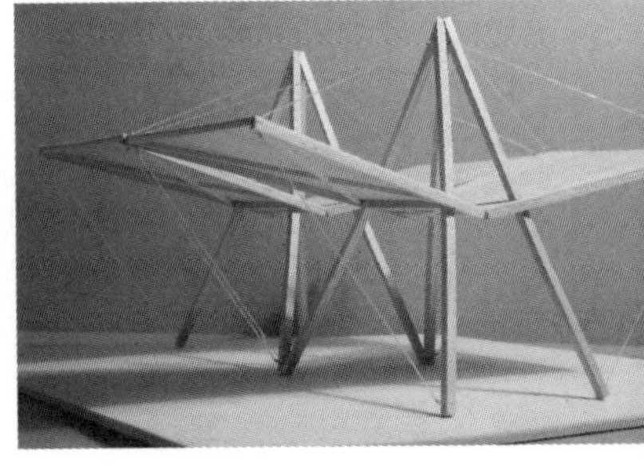

图 3–51

第四章　曲线形结构造型

曲线形的结构造型与直线形的结构造型相似，都属于平面结构类型，也就是受力方向都沿着一个平直的面的维度内传递，都可以分解或者被切割成一些片状的结构单元，它们彼此之间不传递荷载，只有防止倾覆的连接构件。曲线形的结构最大的特点就是整体形态上都是曲线造型的，这个曲线造型不仅仅是一个外形的变化，也对构件内部的受力产生影响。主要类型包括：拱、悬索和曲桁架等。每种都有自己不同的内力情况，因而形态都有着各自一些不同的规律。

曲线的造型总是比直线更柔美，更富于弹性的感觉。在稳定的基础上，表达力量感也是结构造型中的一条重要原则。巴克明斯特·弗勒曾说："不要与力作对，而要利用它们。" 结构中总是充满着各种力的作用，结构造型设计如果顺应这些力的因素，按照科学规律表现这些力的感觉，就可以在设计中回避难以处理的技术矛盾，还可以取得巧妙的效果。直线具有静态的感觉，曲线则相对具有动态的效果，更具有力量的表现力。曲线像是直线经受外力后变形的状态，因而有着恢复原来形状的视觉心理，这也是人们的完形心理的一种表现。而很多曲线形的结构造型都是根据自然受力状态而成型的，因而有着最自然最合理的外形。（图 4–1）

图 4–1

拱结构

拱就是这样一种充满力量的造型。一句古印度谚语说道："拱永远不会沉睡。"人类学会使用拱已经有很长的时间。古罗马人最早开始使用砖石拱，并且用拱创造了无数伟大的建筑物和构筑物，可以说，拱是罗马建筑的重要特征。中国人也以自己的聪明才智学会了使用拱，建于隋代的赵州桥是当时跨度最大的石拱桥，它巧妙的技术决定了它飘逸的造型。中国人用"长虹卧波"来形容拱桥，把它们比喻成水面上悠长的彩虹，反映了人们对拱造型的喜爱。但是中国人更多的是发展木结构技术，西方人在使用砖石拱方面则留下更多有价值的遗产。（图 4–2、图 4–3）

图 4–2

图 4–3

拱的造型并不是人类的发明，在自然界中，天然形成的许多自然形态都是呈拱形的。大自然虽然不会主动去设计，但是由于拱形的合理性，它更适应自然选择，因而在很多情况下可以更加持久。其实，不管是大自然的鬼斧神工，还是人类的奇思妙想，拱都充满了强烈的张力感。事实上，拱的内力主要是沿着拱的切线方向传递的压力作用。它不像其他水平构件，如梁，一样有着比较大的弯矩。这就要求构件必须有很好的整体性，并且能抵抗一定的弯矩。而在古代，广泛使用的是砖石，这些材料恰恰不是很耐弯曲。古希腊有着优美的建筑艺术，但是希腊神庙柱廊的开间都是竖高而窄的，很重要的一点是因为上面的石制横梁十分脆，如果有太大的跨度就容易断裂。而拱不会这样，即使很大的跨度也没关系，因为石块与石块之间有向下掉落的趋势，造成互相挤压，彼此之间形成巨大的压力，因为压力又产生摩擦力，摩擦力又阻止了石块的掉落。而压力就沿着拱的切线方向，一块石头一块石头传递，最终把力量都传递给基础。这种连续的力的传递，使得它有一种向前的动势感。好像是乒乓球向前多次弹起的轨迹，又像一把深深拉满的弓，有着强烈的弹性和张力感。（图 4–4）

图 4–4

人们如此喜欢拱形，从古至今，发明创造了许多不同形状的拱。

比较常见的有圆弧形状的拱，它又可以分成半圆弧形的拱和浅弧形的拱。一种非常极端的浅弧形的拱就是平拱，即非常平直类似梁的形状的拱，但是它还是利用了拱的原理，每一砌块都是梯形，因而互相挤压，靠压力产生巨大摩擦力来抵抗上面的荷载，从这个意义上讲它依然是拱。另外一种非常有特色的拱是尖拱，因为在哥特建筑中的大量使用因而带有很深的文化色彩。事实上，由于拱的内部压力是沿着拱的切线方向传递的，最后通过拱脚传给基础或者其他承托物。由于力量是斜向的，所以不仅有竖直的重力荷载，还有水平方向的推力，这就给基础比较高的要求。而采用尖拱的形式就是为了减少圆弧拱的侧向推力，这样拱两侧就不需要很多墙体来帮助抵抗侧向力，而哥特建筑就是利用了这样的原理，可以做得比较通透轻盈。现代科学告诉我们，最合理的拱的形式应该是抛物线形式的拱。这种拱可以很好地把内力控制在拱曲线内，在一定的矢高范围内，拱内只有压力，没有弯矩作用。在小尺度的范围里，抛物线拱比圆弧拱的优越性并不明显，而圆弧拱施工相对简单一些，所以应用更多，抛物线拱更多是用于大尺度的桥梁或大跨度建筑。（图 4—5）

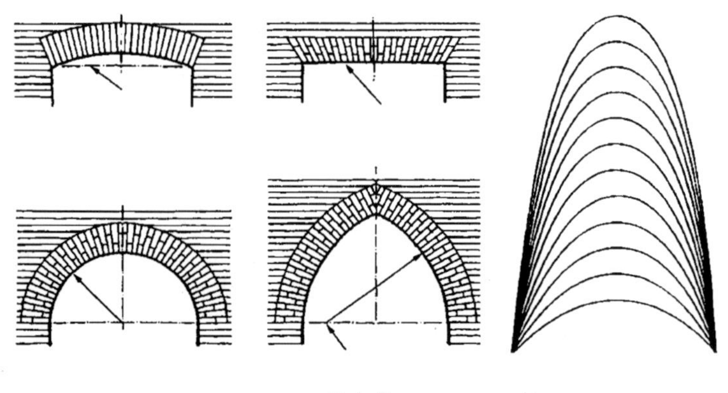

图 4—5

除了各种不同曲线类型的拱，各种不同的材料的拱也有很多不同。首先是砌块拱，或者叫砖石拱，它是最先广泛使用的拱，由于技术简单，直到现在仍然应用很多。路易斯·康很喜欢用砖石砌块，因而对砌块拱有着很好的了解和使用。出于对地震力的考虑，路易斯·康使用了整圆拱，这种洞口形态无疑具有很好的整体性和均匀性，不但可以抵抗建筑竖向荷载的作用，对于水平地震力的作用也可以承担，因而比其他洞口形式更适合地震地区。很多人喜欢路易斯·康建筑中美丽的光影，但是其背后的技术指导因素却并不真正了解。再如他所做的浅弧拱，由于有比较大的侧推力，所以使用了一根横梁形的构件，实际是起到了拉杆的作用。这样由拱和拉杆一起构成一个封闭的受力系统，自己平衡自己的推力，不给旁边的构件侧向力。当我们阅读路易斯·康的建筑中这些巧妙处理的时候，不能不佩服大师清晰的结构概念和造型功力。（图 4–6）

除了砖石拱，我们现在更多地是使用混凝土拱和钢拱。混凝土有很好的可塑性，对于像抛物线拱这样的形式可以比较好地浇筑出来。它被广泛地应用于桥梁领域。然而由于混凝土自重较大，施工进度慢，人们现在更喜欢用钢拱，或与钢筋混凝土结合的拱。钢拱在尺度较大

图 4–6

图 4–7

图 4—8

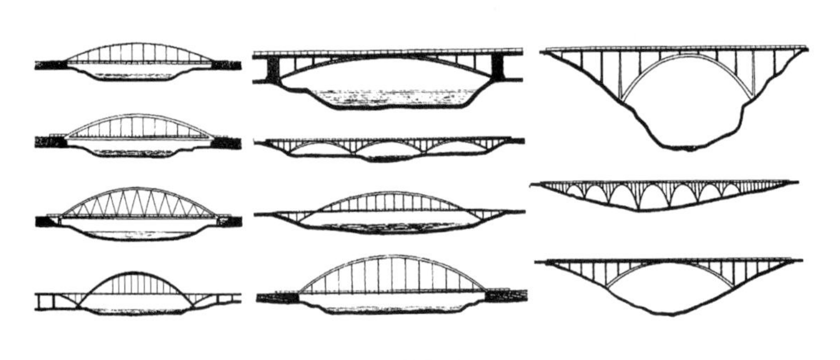

图 4—9

的时候经常做成桁架的形式，这样比较有利于钢材的稳定，省材料而且耐压，可以做出跨度非常大的拱来。（图 4—7、图 4—8）

拱在很多时候用于桥梁这样的大跨度构筑物，形成很多不同的形态。有拱在桥面上面的，也有在下面的，或一部分在上面、一部分在下面的。由于不同的基础和地形，桥梁往往有不同的拱曲线，加上一些支杆、拉杆，组成不同的节奏，给人优美的造型享受。卡拉特拉瓦是一位很伟大的结构艺术家，它的很多桥梁极富于韵律感和张力感，是力与美的完美结合，堪称桥梁中的典范之作。（图 4—9、图 4—10、图 4—11）

除了桥梁这样的特殊建筑，在一般民用建筑中，尤其是大跨度民用建筑中，拱结构也经常使用，例如图中的滑冰馆，屋面使用了索网

图 4—10

图 4—11

结构，而索网结构挂在一幅跨度100多米的钢拱桁架上，拱的形象也就造就了它的外轮廓线。这个拱桁架也是由两根上弦、一根下弦组成的三角形立体桁架。其中每根弦杆的外径是267mm，桁架的高度为1.45m，高跨比达到了1：70，其结构效率非常之高。圆润的拱建筑形象很好地与周围环境融为一体，仿佛一座自然形成的小丘。（图4—12、图4—13）

图4—12

图4—13

有时候，我们也把拱作为建筑的主体支撑结构，例如伦敦证券交易所为了获得底层架空的效果，把整个建筑置于前后两跨拱结构之上。所有的楼板或支撑，或悬挂于钢拱之上，而钢拱落在巨大的脚墩之上。为了抵消可能给拱脚的巨大的侧推力，也是在拱的下弦设置了拉杆，保证了整体的内力平衡。而拱本身没有采用桁架之类的加强形式，只使用了圆钢，但由于受压构件长细比不能过大，又在其中增加两根拉杆来起到稳定作用，保证拱不变形。这种拱作为建筑内部支撑构件的实例很少，主要是由于拱只能设置在外围，如果设置在内部则可能影响建筑的使用。作为极少数具有挑战性的技术尝试，这座建筑的形象还是十分醒目的。（图 4—14）

图 4—14

拱也有很多形式的处理，例如英国伦敦滑铁卢国际火车站，使用了一种三铰拱的形式。三铰拱顾名思义就是有三个铰节点，两个置于基座处，一个位于拱顶。这样在拱受到热胀冷缩时产生的内力可以通过顶部的铰节点释放掉，而不会给基座巨大的推力造成破坏。滑铁卢火车站还有一个设计特点就是把拱的两片分别做成不同方向的桁架，产生一种表面形式的变化而避免过于常见的拱轮廓线。（图 4–15）

图 4–15

拱还有很多组合变形方式。悉尼歌剧院在它令人激动的外壳下面，并未如建筑师和大家所期待的使用薄壳结构，经过若干年痛苦的修改方案，Arup结构事务所最终给出了用拱肋排列形成外壳的结构方式。虽然视觉效果距离建筑师伍重所预期的相去甚远，但是还是得到了大家的喜爱。但是也说明建筑师应该在设计时对结构有充分估计，越是奇异的造型越需要结构方面强大的支持。类似的还有日本的一座小教堂，也使用了一系列多米诺骨牌似的拱，产生一种动态的韵律感。（图 4–16、图 4–17）

图 4—16

图 4—17

悬索结构

和拱一样，悬索也是一种古老的形式。但是和拱不同的一点是，悬索自产生出来就一直保持着它固有的形态，从来没有改变过。因为悬索利用的是索在重力作用下自然悬垂的形式，是最自然地产生出来的，没有任何人工的干预，所以，无论是古老的软索吊桥，还是富于现代感的悬索雨罩，它们的形式几乎都是一样的。（图 4—18）

图 4—18

悬索线是索在均布荷载作用下产生出来的曲线形式，从几何上，它与抛物线几乎是一样的，二者在设计和制作的过程中经常可以互换。与抛物线形的拱内力为压力正好相反，悬索的内力都是沿着悬索线切线方向的拉力作用。由于拉力构件不存在失稳问题，可以充分发挥材料的强度，是一种高效率的结构形式。（图 4—19）

在钢结构的时代，悬索更是非常便利地被用于大型桥梁建设中。世界上跨度最大的桥梁均为悬索桥，从中可以清晰看到悬索结构力的图解方式。悬索桥主要由主索、拉索、桅杆和平衡索构成。主索就是

图 4—19

悬索线，是悬索桥的核心；拉索一般有很多，而且均匀地连接主索和作为荷载的桥面；桅杆是用来承托从主索传递过来的重力；而平衡索则是为了抵消悬索给桅杆带来的水平力作用。悬索桥一般都有两根桅杆，也有只有一根桅杆的即半悬索桥，它也具有非常有趣的形式感和力量感。（图4—20）

图 4—20

在民用建筑中，悬索可以作为屋面结构，也可以作为悬挂屋面的外部结构，还可以作为承托建筑主体的主要结构。

作为屋面的例子中以沙里宁设计的杜拉斯国际机场为代表，这座建筑是混凝土结构为主，从剖面来看，由两个向外倾斜的混凝土桅杆与悬索屋面构成。由于混凝土有比较大的自重，因而桅杆向外倾斜产生了足够的水平拉力，恰与悬索产生的向内的水平拉力相对起来，二者构成的力量关系巧妙而富于张力感，令人可以感觉到它千钧一发的力量平衡关系。两个桅杆不同高，使得悬索产生一面高起的效果，给建筑产生一种方向感，而悬索线也有了更强的方向性，有一种即将冲上云霄的动势感，恰与飞机场的主题吻合。建筑形象舒展大气，浑然一体，是力量与形态完美结合的范例。悬索屋面还可以参考丹下健三的代代木体育馆，也是非常经典的悬索建筑。此外，也可以利用悬索优异的受力性能，吊挂起其他形式的屋面，也是悬索在建筑中的一种应用。（图4—21、图4—22）

图 4—21

图 4—22

而位于明尼阿波利斯的美国联邦储备银行也是选择了悬索的结构形式。特别是它为了取得底层架空的效果，把整幢大楼的荷载吊挂在一幅巨大的悬索之上。建筑也是形式与结构表里如一的处理，我们可以从外立面上看出它内部的结构处理。两侧明显有两根竖直的部分用来作桅杆，中间的悬索线在建筑立面上留下优美的曲线。而值得注意的是顶部的处理，由于悬索会给桅杆产生向内的巨大水平拉力，所以在顶层使用了巨型结构的桁架来平衡这种侧向力。顶部最终也处理成不同的外观效果，显示了与其他部分不一样的内质。(图 4—23)

图 4—23

悬索也有许多组合形式，可以排列起来搭成便于使用的空间。托马斯·赫尔佐格设计的汉诺威世界博览会馆就是利用连续的多跨悬索，形成如波浪般起伏的屋面韵律。（图 4—24）

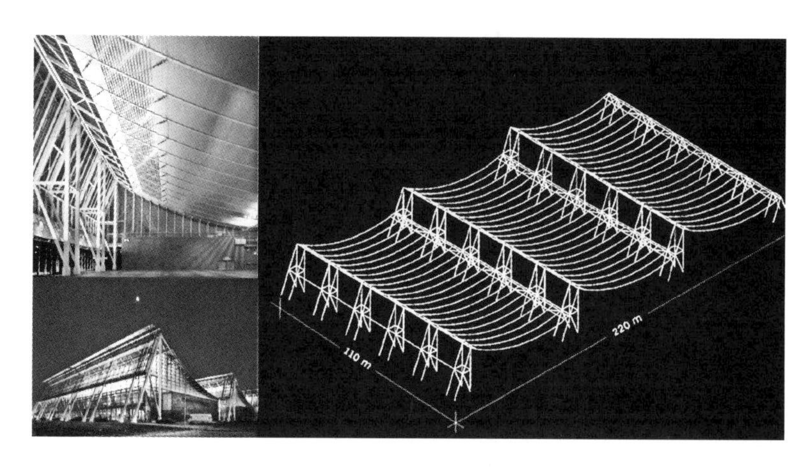

图 4—24

其他曲线结构

除了拱和悬索这两种非常纯粹的曲线形结构，其他一些直线结构适当变形也就产生了一些曲线结构，例如梁可以变成曲梁，桁架可以变成曲桁架。曲桁架的做法与一般桁架其实是相同的，只是把桁架的上下弦轮廓线变换成曲线形式，内部仍然满足三角形的单元，因而仍然具有很好的稳定性和比较简单的内力关系。但是由于轮廓变成了曲线，因而显得有更强的变化性和动感，例如：皮亚诺所设计的关西国际机场，就使用了巨大的曲桁架，其剖面如飞鸟的脊柱一般呈流线形，与机场的时代气息十分相符。（图 4—25）

在曲桁架中比较独特的还有弦支桁架和索桁架。我们知道，一般情况下简支的桁架上弦受压，下弦受拉，因此人们就把下弦做成索的形式，利用索的拉力支撑起上弦，称为弦支桁架。而索桁架则是要给上下弦都预先施加相外的拉力，使上下弦同时受到拉力，这样就只有腹杆是受压，其他部分都是柔性的，受力后自然成形。因为索的截面相对较小，在距离远处经常看不出来，所以在桁架中使用索除了可以节省材料，还在很大程度上改善了桁架上下弦视觉上

图 4—25

的重叠，使结构看上去更加清晰，更加简洁。（图 4—26、图 4—27、图 4—28）

以上谈到的框架、桁架、拱和悬索这些结构都属于平面结构，即受力面都在一个平面上，各受力面互相平行或者不交叉。而一旦出现了受力面的交叉，使得结构不能分解成可以切片出来的状态，那么它的力的传递方式将发生很大改变。即不在平面上传递而在空间里传递，我们把这种结构称为空间结构，也就是后面要介绍的内容。而平面结构里，无论是直线的还是曲线的，在力与美的表现方面，都既有共性，也有着各自独特的性格。在一个实际建筑中，都经常会混合使用多种结构形式。如何有效而且协调地综合利用各种结构，是需要我们深入钻研的问题。（图 4—29、图 4—30）

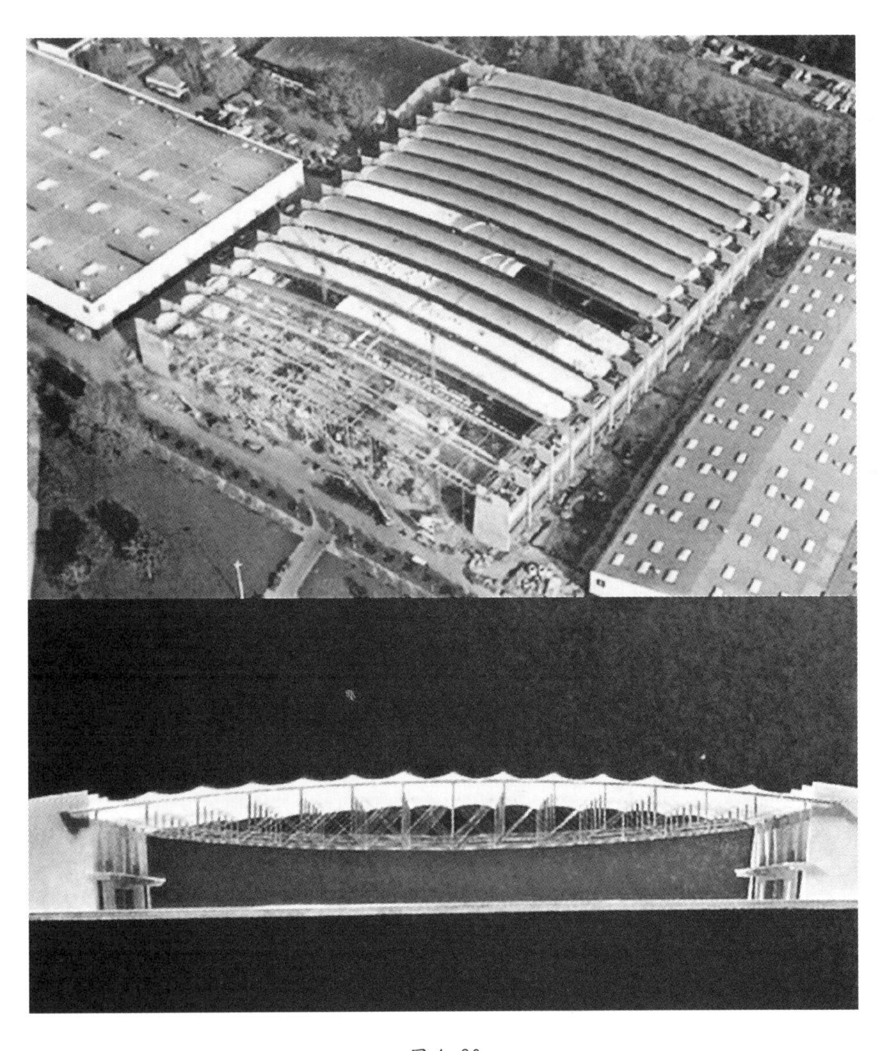

图 4—26

图 4—27

图 4—28

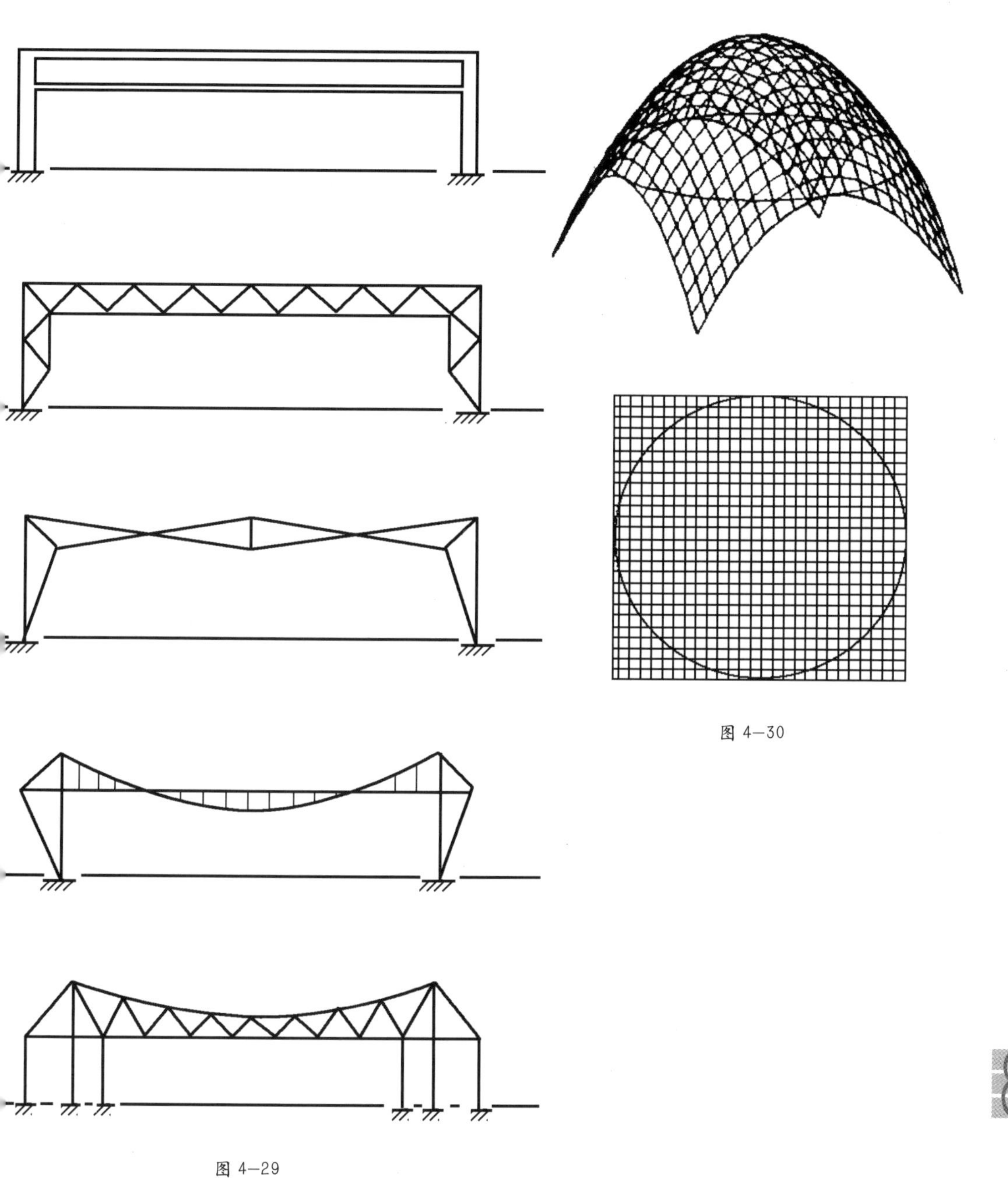

图 4—30

图 4—29

作业分析

曲线形的结构造型包括曲梁、曲桁架、拱、悬索等。由于曲线的自由性更强，表现力也更丰富。我们把曲线形的结构造型放在直线形的结构造型之后，是因为希望在前一个作业里打好结构概念的基础，而可以逐步过渡到造型研究的层次。

图 4—31

图 4—32

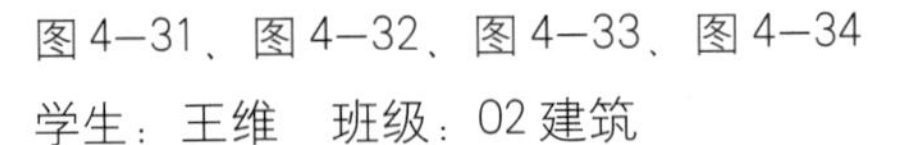

图4—31、图4—32、图4—33、图4—34

学生：王维　班级：02 建筑

这个作业非常好地利用结构原理创造了一个神奇的造型和令人激动的空间效果。使用了11根形状不完全相同的拱肋，并且用交叉形的杆件把它们连接起来形成一个整体，从结构上具有很好的稳定性。而整体造型从外观上看可以看到向一侧略为倾斜，具有一定的视觉紧张感，富于张力。外部面材也考虑用不规则的材料形成一定的质感，并随机地开了一些小窗，带有科幻色彩。内部空间则依靠主体结构固有的节奏感，和交叉拉杆形成的韵律感组成一个富于视觉冲击力的效果。

图 4—33

图 4—34

图 4—35

图 4—35

学生：林瑶　班级：02 建筑

设计使用了平行的曲线刚架组成肋形的结构体系，结构比较稳定，但是尺度掌握略有不足，构件过于笨重，还可以再轻盈一点，空间再变化一点，连接方式再有机一点。

图 4—36

图 4—36、图 4—37

学生：李黎诗　班级：02 环艺

这个作业运用几个方向向心的拱组成的棚子。每个结构本身都有很好的稳定性，同时有一定的力量感。而几只结合在一起连续变化，有一种时空转换的效果，又像是建筑是可动的而又同时展示出不同的状态。拱篷单元都由两个拱和中间的三角形连接构成，屋面设计向一侧倾斜一点，几个屋面共同则加强了方向感带来的动势。为了防止整体倾覆还增加了一个飞扶壁，并且产生了构成中变异元素的效果。作业很好地运用拱结构做出有趣的艺术构成，带有较强的雕塑感，但是在空间感表现方面略弱。

图 4—37

图 4—38

图 4—39

图 4—38、图 4—39

学生：林瑶　班级：02 建筑

三个单元的组合略有变化，每个单元都对曲梁做了很多处理，如做成圆孔和增加一些细部，有一种生物形态的感觉，但是造型的组织还欠推敲，高低的呼应关系不是很恰当。

图 4—40

图 4—41

图 4—40、图 4—41

学生：葛兴安　班级：02 环艺

作业利用类似拱结构沿螺旋状排列，并用木条连接几个拱，形成C形的通道，空间感和材料感都表现得很好。这种用细木条拼起来的效果，非常接近实际建造中用木材的观感，而模型制作也显得很精致。这个造型最吸引人的就是它起伏的变化的造型，有一种自然生长出来的效果，而且像是蜗壳的外形具有仿生形态的感觉。近乎环形的结构布置具有较好的整体稳定性，不需要特别的连接就可以有很好的稳定性和牢固性，不会整体倾覆。内部回转的空间也很有趣味，符合人在其中观赏游历的需求，而不是把建筑只当作一个外壳来看。

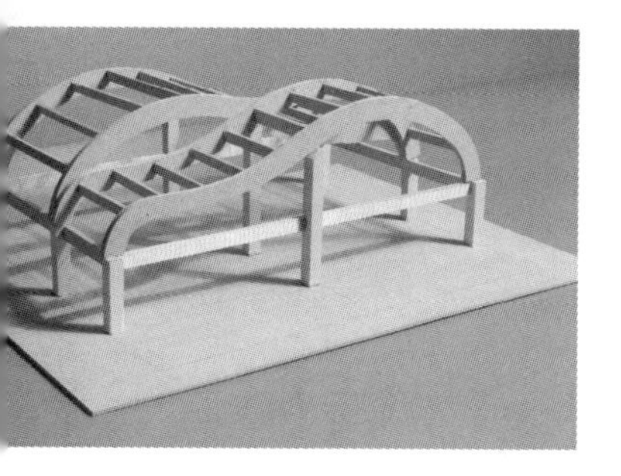
图 4—42

图 4—42

学生：王强　班级：03 建筑

前后两条曲梁很好地完成了结构的基本作用，中间用次梁可以在上面搭板。形式构成如果做成自由的，应该更放开一点，前后曲线变化更多一些，也许更有张力感，现在看来略微机械一点。

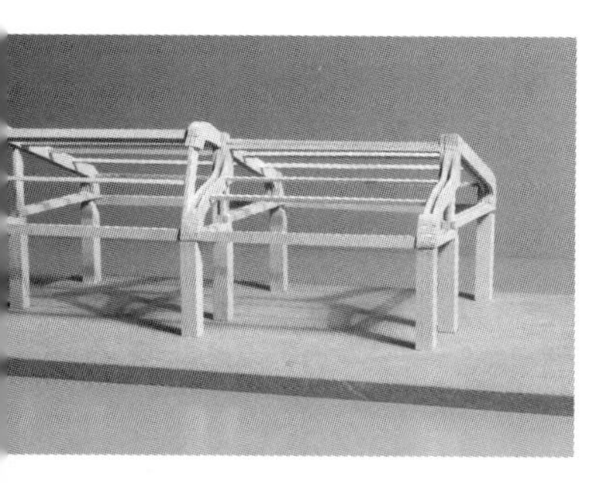
图 4—43

图 4—43

学生：马超　班级：03 建筑

结构满足技术要求，而且构架做了一定修饰，细节处理很丰富。构架弯成的弧线很有张力感，内部空间变化富于戏剧感，有表现力，构件做成双梁的形式很有细部感，但要注意适当连接，才不至于失稳。

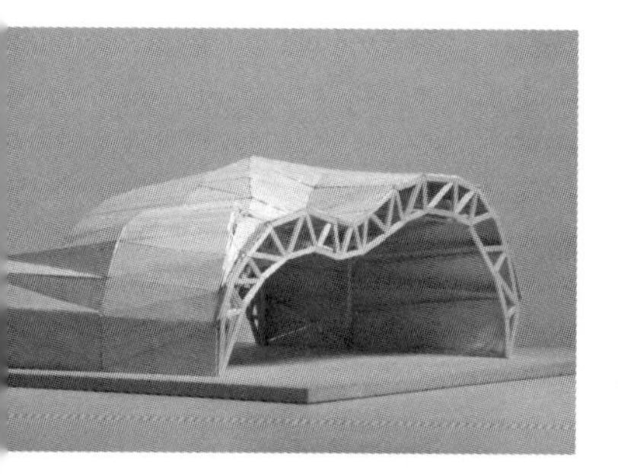
图 4—44

图 4—45

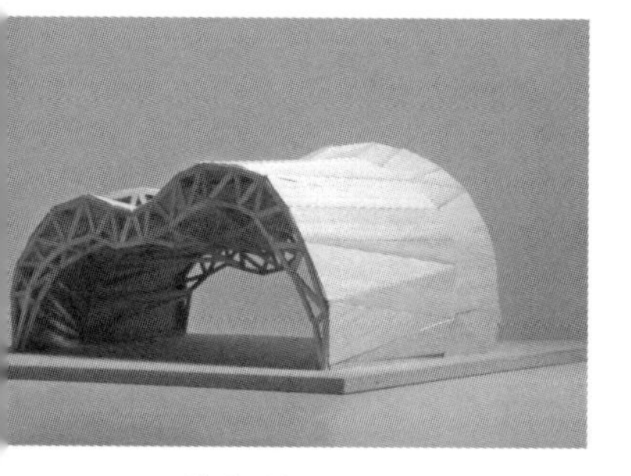
图 4—46

图 4—44、图 4—45、图 4—46

学生：冯雪婷　班级：02 建筑

这个作业是使用曲桁架的成功之作，微变的三品曲桁架都各自有一定的柔韧的表现力，用桁架连杆连接起来之后就构成了坚固稳定的整体。设计中最有趣味的是屋面的处理，首先是考虑在不同形式的桁架之间连接，采用了三角面的方式，可以很好地顺应造型的变化，并且三角形的面也呈现出有趣的光感，其次是没有全部把屋面封死，而是在有些部位留出部分桁架，可以给室内作高侧窗，而从外面看，也可以给紧张的表面留有一定的松缓空间。其他的细节，如曲桁架的脚部处理也反映了设计的细腻。

图 4—47

学生：姜林玮　班级：01 建筑

前后两品曲桁架分别做成正弦曲线和余弦曲线，两者相差一个相位。而之间的连接杆件自然就形成了一个直纹的扭面，增加了面的刚度，且表面肌理感觉有趣味。支柱做成桁架形式，与屋顶桁架相呼应，脚部加强的处理保证了结构的整体稳定，而且具有细部感。

图 4—47

图 4—48

学生：周贝贝　班级：02 建筑研究生

几个曲桁架单元沿着螺旋形的方式排列成一周，高低错落很有构成趣味，但是尺度感不是很好，建筑空间的感觉不足。

图 4—48

图 4—49

学生：沈扬　班级：02 建筑

底部用两道拱形作为围护的主结构，并且有很多支撑防止它倾倒，在其上是沿着其法向方向布置的拱形桁架和屋面。设计中竭力表现结构的错落和复杂，有一定的表现力，但是处理方式有点复杂化，可以追求视觉的新奇和表现力，但不应该可以追求复杂的表达，而应该用更简洁的方式来处理。

图 4—49

图 4—50

图 4—50、图 4—51

学生：孙婧依　班级：02 建筑

这个作业的构思也比较简洁，采用大型的三角形支杆体系组成类似巨型桁架的整体结构，屋面形成圆弧形，左右两组桁架可以理解为两组倒三角形的立体曲桁架，中间也用交叉的杆件连接起来，具有相当的稳定性。作业在侧立面的比例关系，杆件向心的角度等方面做了很好的推敲，最后的关系比较满意。

图 4—51

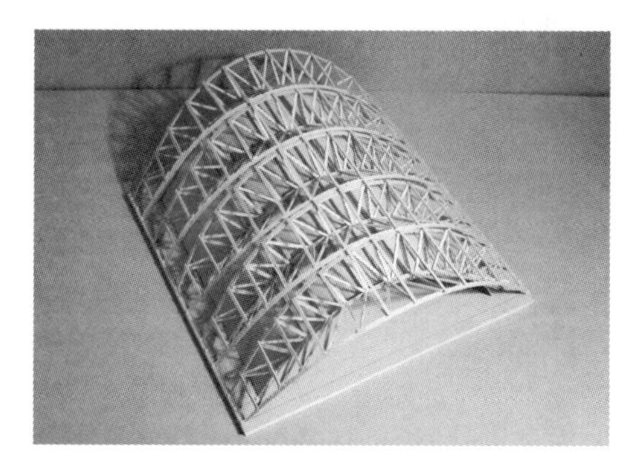
图 4—52

图 4—52

学生：徐琳　班级：01 建筑

作业用了五组桁架拱结构并排而成。五支拱都是上宽下窄，显得有节奏变化而不是呆板地运用。建筑结构和造型都比较完整，但缺点在于尺度感过大，类似大型建筑的尺度，在小建筑上的感受会有点错位的感觉。

图 4—53、图 4—54、图 4—55

学生：李丽姝　班级：01 建筑

这个学生是非常努力追求完美的，在短短两周不到的时间里，完成了2个过程模型和1个最终模型。第一个草模是关于建筑整体结构和形态的推敲，只有很简单的三个拱，中间的略小，两边的略大而向外倾斜，之间有杆件拉接起来。在这个基础上，我们讨论了如何丰富构思和空间，于是生成了第二个模型（图中左上的），这时使用了两个交叉起来的空间，一个为有屋面的实空间，另一个是只有架子的虚空间。但是，设计忽略了原来中间的拱，然而是很重要的部分，并且在两个部分的斜率不同，空间显得有点乱。在此基础上，又调整为第三个，这里的空间都保持很好的方向和角度的纯粹，结构合理，力量感十足，并且加密了虚空间的架子部分，而取消了其前面的封头连接，显得更有延伸感。这个逐渐深入的过程造就了最终非常令人满意的成果。

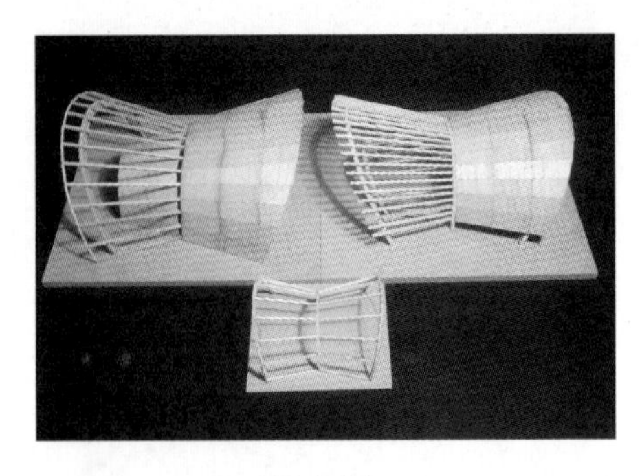

图 4—53

图 4—54

图 4—55

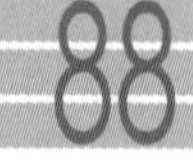

图 4—56

学生：袁路　班级：01 建筑

使用了三个交叉的拱，互相支撑并形成稳定的结构，这个构思很巧妙。但是拱的比例掌握不是很理想，过于厚重，悬挂的屋面造型也与拱的造型关系不是很紧密。

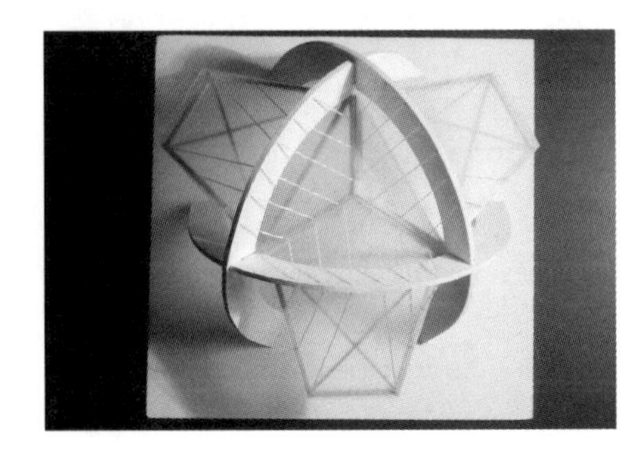

图 4—56

图 4—57

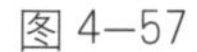

图 4—57

学生：张骁 班级：02 建筑

用了一系列拱组成富有表现力的入口，结构上也比较合理，但是后部的处理过于简单化，显得比较单调，整体的比例关系和形态把握也显得粗糙。

图 4—58

图 4—58、图 4—59

学生：胡泉纯 班级：02 建筑研究生

由于悬索一般都用于大型建筑设计，所以很少有学生在小设计中使用，但是这名学生还是很好地处理了建筑尺度与结构之间的关系。作业使用了正反两条弧线互相牵引，一条是弧形的屋面，另一条是与它反向的悬索线。屋面考虑一方面挂在悬索上不稳定，另一方面给悬索的配重不够，所以在屋面下方增加了向下的拉索，起到稳定的作用。而悬索的外侧也使用了平衡索来稳定整体结构。略有不足就是悬索下面的拉力索数量不足，应该适当增加才能保证悬索线的成型。模型制作有很大难度，这个结构有可能在拧上最后一颗螺钉时才能保证它刚好做到坚固，但是学生还是坚持到了最后一颗螺钉。

图 4—59

图 4—60

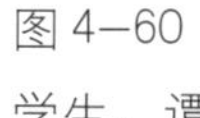

图 4—60

学生：谭杰 班级：02 环艺

采用拉索悬挂住曲面的屋面。造型很有流动性，也很有张力感，但是固定拉索的桅杆由于没有双向固定，与拉索成为一个平面，因此十分不稳定，从实际模型中可以体会到这一点。有的桅杆已经略为倾斜，说明了科学的原理是多么重要。

第五章　空间结构造型

建筑中灵魂就是空间。建筑毕竟不是雕塑，雕塑仅提供一个可以观赏的外壳，而建筑需要的不光是外观的形体，更需要空间，只有空间才是使用者真正使用建筑的地方。空间也是现代建筑中最具有表现力的设计要点。当我们计白当黑，把空间当作实际的物，它的尺度、形式和变化都在心理上影响着使用者。但是，空间并不是凭空产生的，而是依赖外壳在自然的虚空中限定下来一部分的结果，空间与造型是互为负形的关系。所以结构造型要关注造型，其根本的目的是要关注空间。塑造美的结构造型就是为了塑造美的空间，探索新的结构造型就是探索新的空间。巴克明斯特·弗勒曾经说："我们都是宇航员。"言下之意，我们建筑师和宇航员都是探索空间的英雄。（图 5–1）

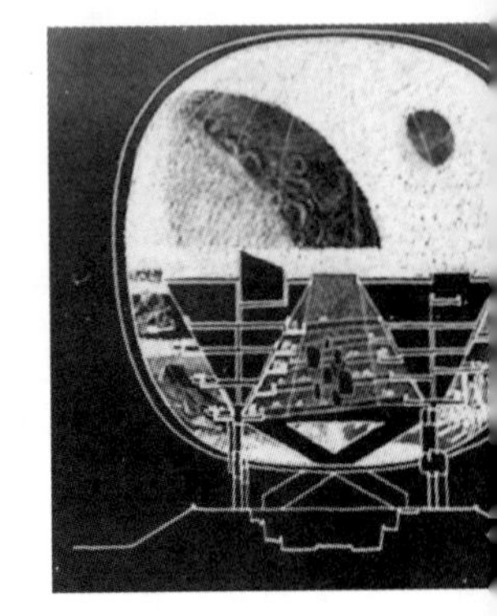

图 5–1

挑战空间是我们结构造型的又一点原则，它和追求稳定、表现力量从不同侧面描述了结构造型的目的与意义。追求稳定是从结构的可靠性角度，是结构造型的基础；表现力量是从力与形的内在关系角度，是结构造型的表现力所在；而挑战空间是从造型与空间关系的角度，是建筑结构造型的终极追求。

空间结构概念中的空间一词，与建筑中的空间意义并不完全相同，它所描述的是结构中的力的传递是在三维空间里展开的，而不是像平面结构那样主要沿着二维空间层次展开。另一方面，平面结构的交叉、旋转使得力的传递增加了一个维度，也因此产生了空间结构的方法。其实从比较广泛的角度来看，所有结构形式都是空间结构，都需要在三维层次上满足存在的可靠性。但是狭义上，我们仅把那些在只能在三维层次存在，如果被切片到二维层次就几乎不能存在的结构叫做空间结构。可以看出，相对平面结构各受力面之间的联系还是比较弱的，而空间层次的各个微观的受力面互相是紧密依赖的。这种紧密的依赖使得构件在各个向度上协同工作更紧密，效率也更高，可以做出更大的跨度、更薄的断面。（图 5–2）

图 5-2

网架

网架的另一个名字叫做空间桁架，就是在空间中展开的桁架。如果说桁架是梁的一种变形，网架就可以看成是板的一种变形。两者之间从外观上的区别在于桁架可以清晰地看成是沿着一个线性的维度展开的，是一根一根的，各根彼此之间有一定空隙；而网架是各方向连续展开的三角形构架形式，你很难把其中某个部分分离出来，整体来看是一种面的感觉。(图 5—3)

图 5—3

图 5–4

网架有着很多技术上的优点。首先是它自重更轻，比平面桁架节省更多的钢材，这一点与混凝土结构有很大区别，混凝土的梁板结合的结构比只用厚板的方式更节省一些，这主要是由于两者自重的不同造成的。混凝土做成的是实心的梁板，而钢材都是用桁架法式，有效而轻便。网架还有一个优点就是安全储备较高，刚度好，不会因为局部破坏而整体破坏。这也给了设计很大的自由度，可以有更多灵活的形状。并且网架不像拱或悬索似的有水平推力或拉力，因而在支座安排和空间设计方面顾虑较少，比较自由。网架的高跨比可以达到1:20，也能节省更多的使用空间。（图 5–4）

图 5–5

网架可以分成交叉桁架体系和角锥体系两大类。交叉桁架体系可以看成类似交叉梁或者井字梁的结构形式，事实上交叉梁和井字梁也可以看成是空间结构形式，因为它们的力的传递也是在三维层次展开的，单独切下一个面也是难以成立的，这一点和厚板也很相似。交叉桁架、交叉梁或井字梁和厚板都是利用力在两个水平维度里的传递来承托来自纵向维度的荷载。另一种网架类型就是角锥体系，与交叉桁架有很多不同，角锥体系不是从平面桁架衍生而来，而是直接由三角形角锥单元组合而成。这更像是平面桁架是由三角形单元组合而成的基本原理，只不过把平面三角形换成空间角锥，把平面构成方法换成空间组合方式。因此，角锥体系网架的上弦和下弦不像是交叉桁架那样可以上下对应起来，而是错开布置的。（图 5–5）

桁架不仅可以作为梁，还可以充当柱子或受压构架。网架也类似，不仅可以作为楼板、屋面的结构，也可以作为墙来使用，主要是用作一些幕墙的内部支撑和抗变形之用。处理较好的网架屋面与墙面浑然一体，结合玻璃幕墙有水晶般的效果。（图 5–6、图 5–7）

图 5–6

美籍华裔建筑师贝聿明设计卢浮宫改建工程的玻璃金字塔入口，使用了一套网架系统。外表十分简单的玻璃金字塔其内部构造并不简单。较大的跨度决定了一定要用相应的结构形式才能满足，而一般的网架都是双层的，即有上弦和下弦，上下弦从外面看起来总是叠加在一起，显得不够纯粹。为了解决这些矛盾，金字塔使用了一套弦支的网架体系，即下弦使用索来承受拉力，承托上弦和腹杆。由于索十分细，从内部实际的观察效果是很模糊，从外面透过玻璃也看不清楚，这样就把下弦的视觉层次掩蔽掉了，只能看到比较明显的上弦。这样，玻璃金字塔在很多人眼中就只看到了单纯的表皮，达到了形式的完美。值得注意的是该网架在每个面的中间部分比较厚，即腹杆较长，是因为中间部分弯矩较大的原因。腹杆的作用在晚上进一步显现出来。因为透明玻璃是不能被灯光照亮的，光线只是穿透玻璃，而可以照亮的磨砂玻璃又不满足白天透视的效果。一般很多夜间很亮的透明玻璃效果都是把玻璃后面的物体照亮而反射出光来，玻璃金字塔就是在夜间照亮腹杆，从外面就感觉像是发光体一样明亮。成功的结构不仅是造型和空间有力的保证，也是照明等环境设计的重要依托。（图 5–8、图 5–9）

图 5—7

图 5—8

图 5—9

如果说网架有什么缺点，主要就是节点部分比较复杂。如果一个连接点有来自x、y、z三个轴双向的6根杆加上8个空间象限的斜向杆件，就有14根杆件在这里交汇。这对于节点的加工和施工都有比较高的要求，是对工业制造水平和建筑施工能力的综合考验。对于建筑师，也是对设计能力的重要考验。建筑需要细部，精美的节点的确给人一种产品似的工艺美感。如果节点不仔细设计，即使造型很有趣味，也只是一个半成品。一个成功的建筑一定是既有具有创意的造型，也有设计精致的细部。很多建筑师都十分重视细部的设计，不仅仔细勾画蓝图，有时还要做1：1的足尺模型来专门研究细部的造型和构造，只有这样才能拿出禁得起推敲的作品。（图5-10、图5-11）

图 5-10

图 5—11

网架也有很多形式的变化，例如美国空军小教堂，就把网架做成折板样式。折板是用混凝土经常做的造型，由于有折面的纵向起伏，可以有比较好的整体刚度。但是施工不是很方便，所以现在更多的是用网架先做成折板的轮廓，然后在上面挂上一定的材料板，形成折板的效果。对于网架，这种处理也有一定益处。而对于表面材料的优点就更多，因为它可以不受材料限制，允许有更大的孔洞，允许大量使用玻璃这样不能受力的材料。简单地说，由于形状是由网架已经搭建好的，表面材料的处理可以随心所欲。这座小教堂就在折面的转折处都做成玻璃，夜间可以透出迷人的光来，而这用传统的折板是做不到的。(图 5—12)

图 5—12

网壳

网架的另一种衍生物就是网壳。可以把网壳看成是网架与壳体的结合，或者是曲面上的网架。许多混凝土壳体都有着极其瑰丽的外形，但是由于施工不方便，而且混凝土的自重过大，现在已经很少做混凝土的壳体了，取而代之的是各种钢结构的壳体。(图 5—13、图 5—14)

从形式上分，可以把壳分成筒壳、球壳等。事实上，曲面有多少种形式，壳体就可以有多少种造型。最为常见的如筒壳，就是呈柱面

图 5—13

图 5—14

的壳体，可以是圆柱面，也可以是椭圆柱面，根据其中网架的形式又有很多分类方法。网壳可以像网架一样是由上下弦和腹杆组成的，这种一般称为双层网壳。另一方面，由于网壳可以拱起一个矢高，形成推力结构，整体形成推力网络，因此可以做成单层的网壳，很有表现力。而桁架的方向也有讲究，一般杆件为垂直两向十字形的称为正交网壳或者双向网壳，也有形成“米”字形杆件交叉的称为三向网壳。结合起来，可以有“双层三向筒壳”、“单层双向球壳”等许多形式。（图5—15、图5—16）

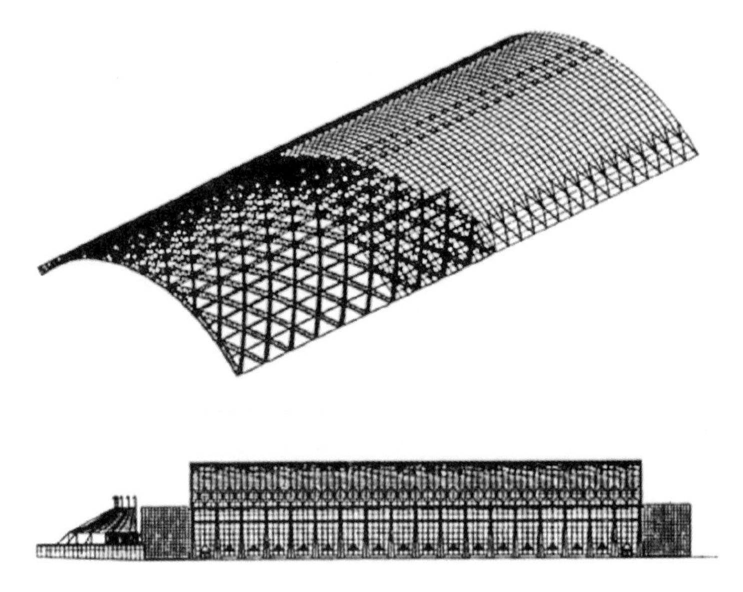

图 5—15

双向网壳简洁纯粹，但是由于有四边形的不稳定性，事实上还要在单元格中增加双向的斜拉索来保持单元的稳定。三向网络则已经形成了三角形的单元而没有这个问题，三向网络有着很神奇的视觉效果。网壳因为是一种推力结构，因此对周边支座有一定的抗推力要求。也有在网壳内部增加拉索来抵消推力和防止结构变形的。如果是球壳，由于边缘形成封闭的环，也可以通过闭环来克服推力问题。（图5—17、图5—18）

美国建筑学家巴克明斯特·弗勒是研究球面的大师。我们通常所做的球面都是类似地球经纬线的设计，可以看成是正八面体分球面的

图 5—16

图 5—17

图 5—18

模型，这种球面的一个缺点是不同纬线上的圆环半径不同，因而曲率不同，造成杆件种类不同。而弗勒研究的球面是基于正二十面体分球面的模型，它的最大优点就是杆件种类少，加工和施工都比较容易。弗勒主要的研究还在于建立了形态学，借鉴生物学中生物形态与结构关系的理念，对建筑形态做出研究。他的设计充满超前的思想和科学的方法，涉及流线型、球面和整体张拉结构等。建成的作品虽然不多，但是他的思想给后人很多启发，现在人们建造的球面建筑仍然沿用着弗勒的成果。追求大型球面的穹顶自古以来一直是建筑不断的挑战。据说用弗勒所发明的球面搭建一座44m直径的半球形穹顶，只需要30个工人干 20 小时的时间就可以组装完成。（图 5—19、图 5—20）

德国结构大师弗雷·奥托也是一位研究型的设计师，他的主要设计都是索膜结构建筑，下文还会提及。他也设计并建成了一些网壳结构建筑，他使用了双向单层的木网壳，与追求几何完美的弗勒不同，奥托更崇尚自然有机的形态。他设计的网壳完全呈自由形态，从外部来看宛如山丘一般起伏，从内部来看空间极富动感。（图 5—21）

网壳还有很多应用和变化，其中的索穹顶由于使用索来完成网壳中受拉的结构作用，可以做得更加轻，效率更高。关于索桁架的研究还很新，一些建成的实例已经显示出它的一些造型可能，但是更多造型的可能还在探索之中。（图 5—22、图 5—23）

图 5—19

图 5—20

图 5—21

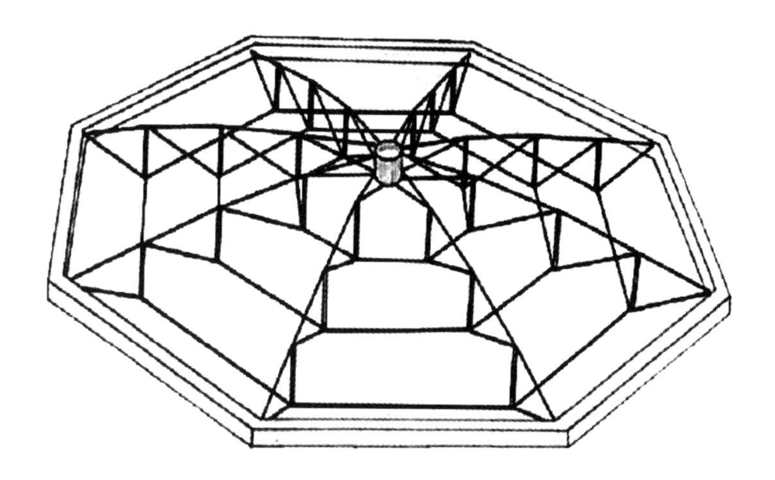

图 5—22

图 5—23

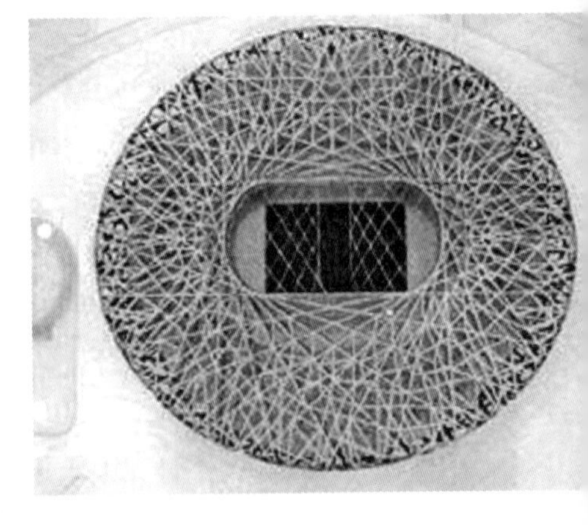

图 5-24

人类的很多发明创造在自然界中都可以找到原型。网壳的一个原型可以认为是鸟巢，一种用枝干编起来的结构方式，所不同的是一般网架都用规则的几何形来组织杆件构成，而鸟巢都是较为随意的编织起来的。而赫尔佐格与德梅隆设计的北京奥林匹克运动会主体育场方案仿佛是一次网壳概念的回归。建筑使用了一个马鞍面形的外轮廓，而内部的网架没有采用规则形态，却大胆地使用了随意地编织形态。这种方式基本是符合结构造型原理的，因为它也满足网架单元均匀分布的整体性。最后的方案经过结构计算后，去掉了一些冗余的杆件，但基本无损于设计的原始创意，旁证了建筑师对于结构造型概念的深刻修养。事实上，无论采用何种变化，只要满足结构原理和力学法则，建筑的造型可以有极其广泛的创造的天空。(图 5-24)

索膜结构

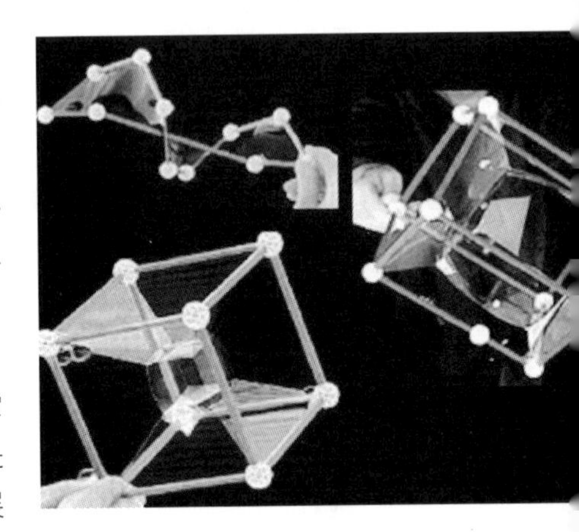

图 5-25

索膜结构也是新兴的结构造型形式。前面提到网壳结构是一个推力网络，与之相对，索膜结构一般都是拉力网络的结构体系。相对于其他结构造型形式，索膜结构采用了非常轻的材料，而本身的结构形式也与受力状态保持高度的一致，是一种很有潜力的轻型建筑结构。(图 5-25)

索膜结构的雏形可以看成是悬索结构，因为悬索结构也是一种拉力结构体系，所不同的是悬索结构是一种平面型的结构形式，而索膜结构是一种空间里展开的拉力体系。丹下健三的代代木体育馆就是一种用平行排列悬索构成屋面的结构形式，是一种介于悬索与索膜之间的结构形态。(图 5-26)

弗雷·奥托在这种悬索基础之上对拉力结构做出很大贡献，他使用了一种索网结构体系。与悬索结构有了巨大的变化，首先是受力面

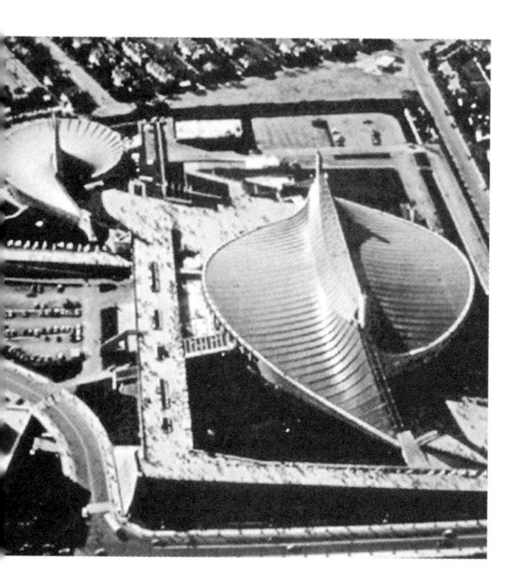

图 5—26

图 5—27

不是局限在一个二维的范围里，索网的延伸方向向空间各个向度发展。另一个重要的区别在于索网结构不像悬索结构一样依赖均布荷载成型，而是由于索网的轮廓组织和外张的拉力使索网成型。这时候，重力不是一个最重要的外力，由于结构的自重较轻，体系中的拉力作用甚至有可能大于重力作用。这是一种极有朝气的结构形式，因为它已经摆脱了重力的约束，把受力方向沿水平方向延伸，这就势必造成造型具有天然的飘逸和横向发展的趋势。这种近乎植物生长似的结构形式受到很多建筑师和结构工程师的喜爱。巩特尔·贝尼施使用这种索网结构设计了慕尼黑奥运会的场馆，他并且邀请奥托作为设计的结构顾问，两人一起完成了这个伟大的设计。（图 5—27、图 5—28）

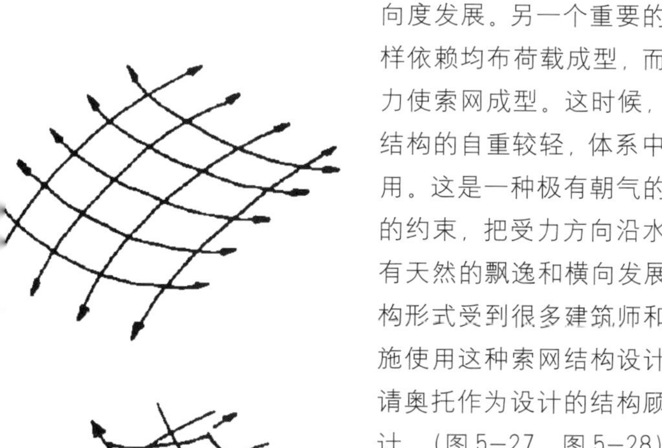

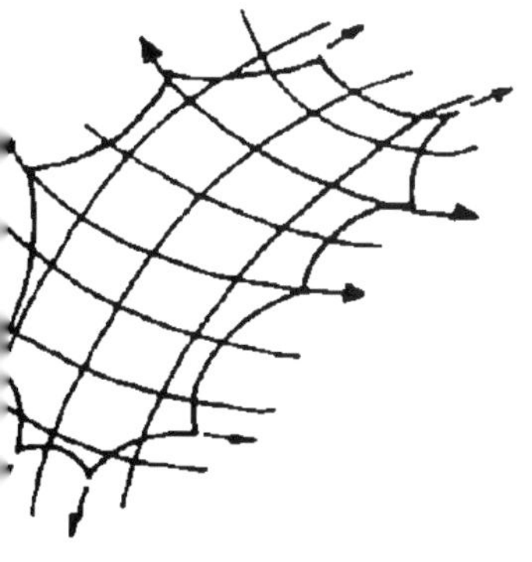

图 5—28

索网一般都是双向的拉力网络形式，由于拉力体系里不存在失稳的问题，所以也不需要在里面添加三角形元素来满足它的稳定性的问题。由于索网较轻，所以克服风荷载带来的上举力成了一个需要注意的问题。一般都把索网沿 x、y 方向分别拉紧，并且延伸方向相对，使其内部形成张力的曲面。在索网结构中，桅杆和外力的平衡索的作用非常重要。没有平衡索就不可能有索网的张拉造型。（图 5—29）

图 5—29

随着材料技术的发展，高分子膜材料开始应用。张拉膜结构有着与索网结构基本相似的受力状态和造型方法，但由于本身的成型更简单，重量更轻，施工也更方便，因而很多大小不同、形态各异的张拉膜结构如雨后春笋涌现出来。膜结构所用的高分子膜材料十分容易剪裁，而成型连接的方法就是用热焊的方式即可，边缘一般做卷边包钢筋的方式。制作膜结构建筑的过程看上去更像是在做衣服而不是盖房子，十分简单有趣。但是索网结构也并不是因此就被完全取代，因为理论上讲，可以在索网之上覆盖其他材料如玻璃、金属板、木材都是有可能的，它因此有着比膜结构的表面更丰富的肌理效果。（图 5—30、图 5—31）

图 5—30

由于原理相同，我们把索网结构和膜结构统称为索膜结构。索膜结构还有很多做法变化，例如利用弦支的原理做成的整体弦支屋面，具有跨度大、自重轻的特点，造型也具有很强的张力感，还有一些如伞式结构、充气膜结构、蒙皮膜结构，很多新的造型形式还在尝试之中。（图 5—32）

图 5—31

图 5—32

作业分析

空间结构包括网架、网壳和膜结构等结构类型，它是塑造建筑造型的有力武器。虽然对空间结构的理解比其他结构类型要困难一些，但是相信在已经经过直线型和曲线型结构练习的学生，可以接受并能应用它创造出更为有趣的造型。如果前面的练习都完成很好的学生应该可以放手去进行更为夸张的结构造型探索，任他们的想像力在结构理性的王国里自由翱翔。

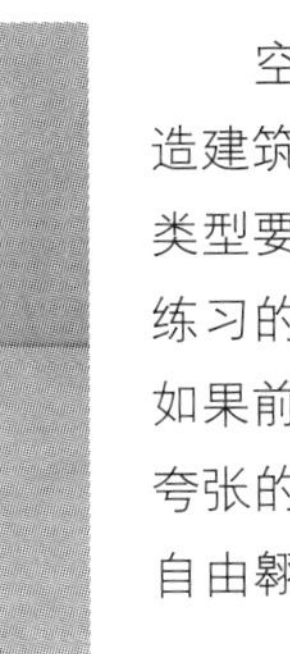

图 5—33

图 5—33
学生：朱佳佳　班级：01 建筑

这个作业小巧精致，形式处理很简洁而又有变化。屋面用了一个三向双层网架，局部产生变化，而变化的位置下面则设置了四个支脚，也采用了三角形的形式，与屋面结构保持一致。整个结构处理合理而稳定，倒三角形的支柱又有一种纤巧的轻盈感。单元重复的形式似乎还有延展的空间，具有很好的利用价值，造型的比例和尺度设计得都很宜人。

图 5—34

图 5—34、图 5—35
学生：姜林玮　班级：01 建筑

这个作业具有一种强烈的结构美感。六边形断面的空间桁架由复杂的杆件结合而成。由于杆件的构成有很规则的逻辑性，所以虽然复杂但是不显得凌乱。结构中并没有留出太多可用空间，不过相比起结构给人的震撼这一点并不重要。也许可以通过改变比例关系来增加其中可用得部分，但是我们更看重的是结构的造型表现力，而不是它的实用性，毕竟在一个课题里要解决太多的问题对于学生来说有点过于复杂，需要把这些问题留在以后的课程设计中解决，在结构造型课中，能塑造有想像力的造型并很好结合结构的原理就是巨大的进步。

图 5—35

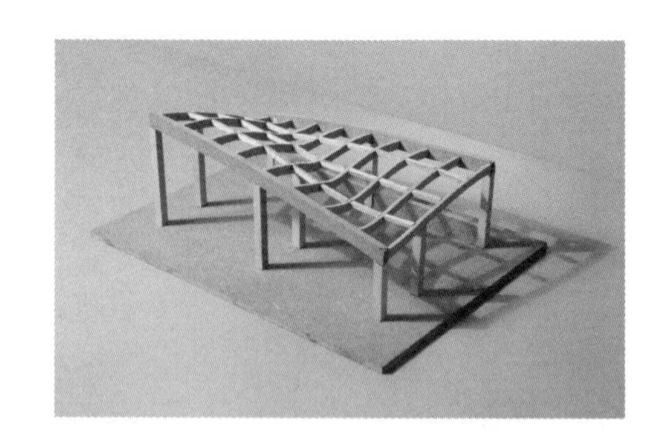
图 5—36

图 5—37

图 5—36、图 5—37、图 5—38、图 5—39

学生：陶家乐　班级：03 环艺

设计中的扭面极富于动感，有一种像海浪一样一波一波涌动的感觉。不仅外观如此，而且内部空间也充满力量感，似乎有一种力量在搅动着空间，没有一个身在其中的人不会受到它的感染。然而这一切又是非常合理的，交叉成井字的曲梁搭在弯曲的主梁上，形成一个类似网壳原理的结构体系，具有很好的整体性和稳定性。但最终的立面设计并不十分令人满意，与造型的结合关系还缺少必要的逻辑。

图 5—38

图 5—39

图 5-40

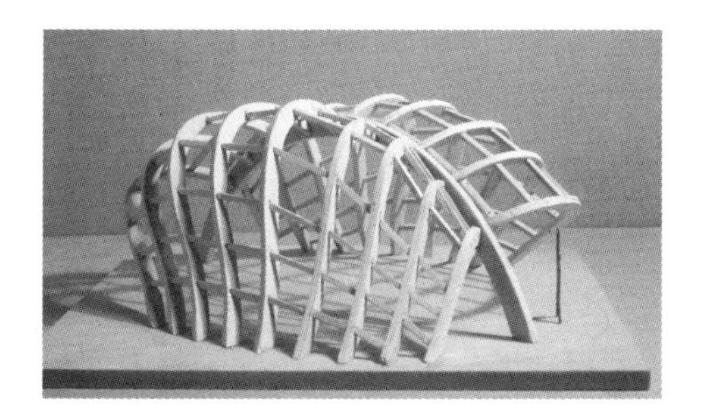

图 5-41

图 5-40、图 5-41

学生：胡泉纯　班级：02 建筑研究生

中间由一根拱贯穿整个结构，两侧的推力网络互相构成支撑。整个造型形态并不完全对称，而是有一种扭力使它产生了旋转似的，产生了一种动势。这个网络吸取了很多自然形态的因素，宛如生长而形成的而不像很多人工物一样缺乏亲切感。建筑的尺度和空间形态的控制很成功，它使人感到一个这样的小建筑应有的造型与空间。

图 5-42

图 5-42

学生：袁路　班级：01 建筑

结构使用了一个单层网壳，在正交体系里又加上斜撑以满足结构的稳定性。米字形的构架看上去很有装饰感，入口的处理也有趣味性。但是整个空间的尺度掌握不理想，与一般民用建筑应该给人的心理感受不相符。

图 5-43

图 5-43

学生：董丽娜　班级：02 建筑

沿着三个方向展开的造型很有张力感，屋顶的处理如同花瓣一样具有美感。内部使用三向的单层网壳构成可行的结构构架，中间使用带有弧度的支撑结构使得整体结构的实现更加容易。但是开口的处理不是显得有点随意，模型制作也略粗糙。

图 5—44

学生：赵洪言　班级：01 建筑

一个有力的三向单层网壳，具体的实现还存在一些问题，但是造型构思比较有表现力。比例控制不是很适宜，更像是雕塑而非建筑，节点处理欠推敲。

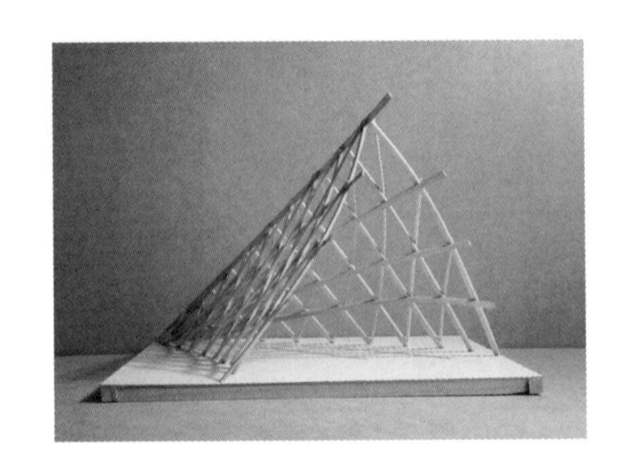

图 5—44

图 5—45

学生：景思博　班级：01 建筑

后面用一个弧形的双层网壳，前面用一个树形结构的支撑来承托网架的部分荷载。三个着地点和对称的形式使其可以满足在小尺度的稳定性。但是空间过高，树形支撑的支杆长细比过大，有失稳的可能。

图 5—45

图 5—46

学生：周贝贝　班级：02 建筑研究生

一个索桁架单元按螺旋形方式布置，最终的杆件使其也构成一个闭环的形式，因而构成一个索桁架的环。更像是自行车的轮子的原理，可以做得更轻而对周边的支柱做出省略。空间感不够强，尺度表达与小建筑的性格不符。

图 5—46

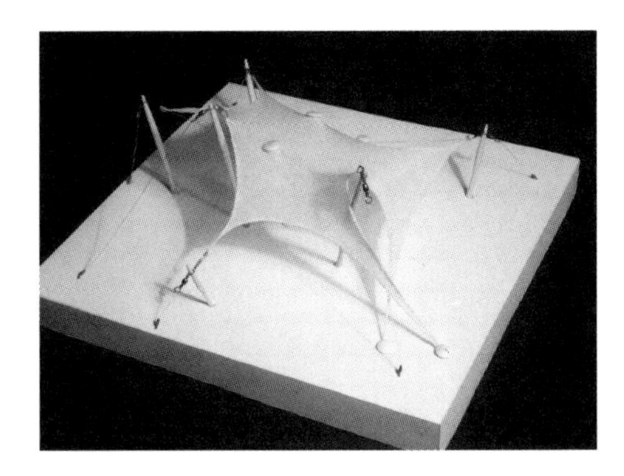

图 5—47

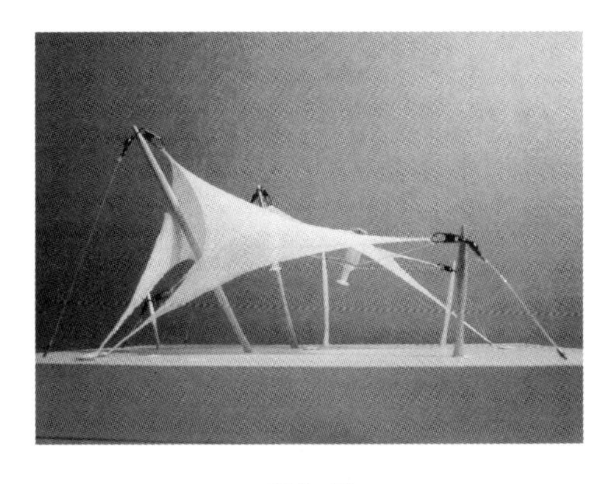

图 5—48

图 5—47、图 5—48

学生：程志哲　班级：01 建筑

膜结构有着丰富的表现力，这个作业中尝试了很多膜结构常用的手法。桅杆结构按照不规则的方式排列，造成屋面形式自由变化，有很强的张力感和轻盈的感觉。其中使用了弦支的方式使中间产生更高的顶点而下面不需要支柱，显示了技术的巧妙的美感。形态构成有着天然的有机感，能够产生很多的空间意外，因而有着无穷的趣味留给使用者。很多节点制作很仔细，柱子也设计成梭形，符合力学原理，且具有形式的轻盈感，有千钧一发、一力拨千斤的张力感。

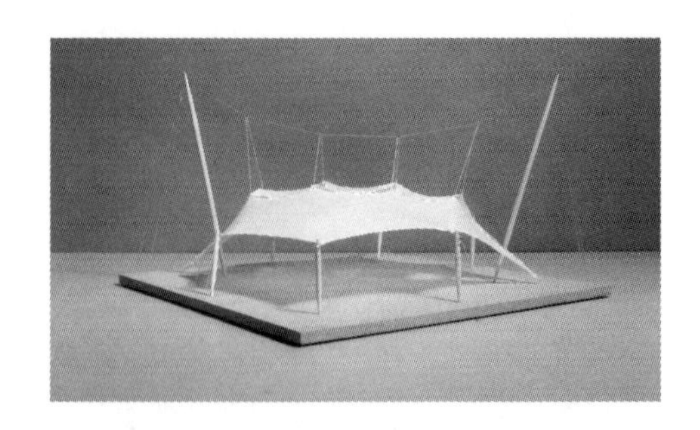

图 5-49

图 5-49、图 5-50

学生：沈扬　班级：02 建筑

非常规范的膜结构设计，反映学生很好理解了膜结构的拉力原理。两根桅杆之间由一根悬索拉着下面的膜结构屋面，而膜结构又拉着地面，一起构成封闭的力循环。形态舒展大方，一些小的拉力产生的弧形边缘体现了学生对膜结构细部的正确掌握。建筑稳定而富于力量感，空间尺度适宜，是很标准的设计作品。

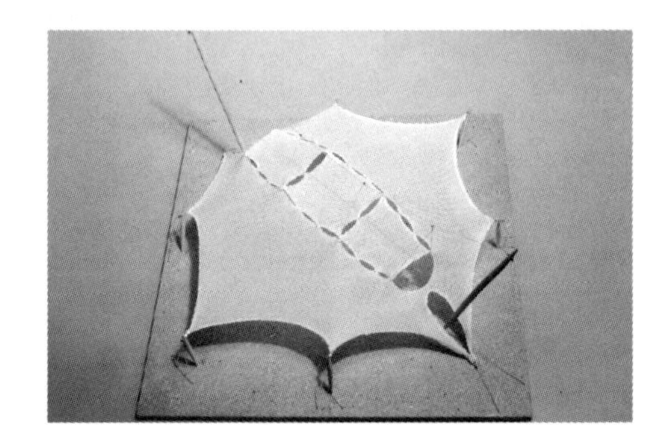

图 5-50

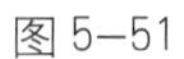

图 5-51

学生：孙靖依　班级：02 建筑

中间用一条桁架拱作为主要支撑构件，两侧的桅杆和平衡索有力地拉起两片张拉膜，不完全对称的两侧产生了一定方向感。但是膜在中间拱上的连接方式不够巧妙，膜覆盖了桁架后造成中间的拱不能很好表现出来，失去了一些表现力。

图 5-51

图 5-52

学生：张骁　班级：02 建筑

这个膜结构是一个环形的封闭体系。周围的拉索张拉开 8 根桅杆，桅杆拉起张拉膜，为了防止膜变形，在其下面设置了起平衡作用的拉力环。这个结构的处理很平稳，也满足力的合理性，空间看上去也适合人的尺度，但是膜的中间是下凹的，下雨排水是个问题。

图 5-52

第六章　有机形态结构造型探索

探索有机形态的意义

自然界是是人类灵感的源泉。我们很多知识追溯起来，都可以归结到对自然的模仿。如果我们仔细观察自然界一些生物体和非生物体的形态，分析其中的力的关系，会发现许多我们可以受到启发的原理。而且，越是仔细地剖析其中的一些细节，越是能从中发现其存在的合理性。有机形态课程就是要把这种合理性发掘出来，并且在我们的设计中表现出来。作为结构造型课程的一个延续，我们让学生在有机形态的造型领域探索结构实现的可能性。

与我们人类的设计过程不同，自然物的产生过程是一个更为复杂的过程。从时间上看，物种的产生和个体的产生分别有着一定的规律。物种的产生是从宏观上适应自然选择的产物，即从变异开始，经过选择淘汰，留下适合的物种，再回到变异，产生新物种，再选择……循环进化。而个体的产生过程主要是，诞生、生长、病变、克服、恢复、衰老、灭亡等一些过程。物种的发展过程反映出来的是对自然宏观的适应，个体的发展过程反映出来的是对自然微观的适应。

我们进行有机造型的探索的目的并不是表象的模仿自然的造型，而是从自然物的形态规律中发现可以利用的原理，再根据我们发现出来的原理创造我们自己的造型。这种造型可能是接近自然造型的，也可能不是。重要的并不是外观上看上去是不是像，而是原理上是不是揭示了自然的奥秘。从另一个角度讲，由于原理上复合自然的规律，外观上很自然的与我们选取的原型会有一定的相似度。不过，由于每个同学选择的观察点不一样，归纳的规律也不完全相同，以及由于学生自己的造型创造趣味的不同，最后的结果一定是既有相似点，又有不同点。

教学方法

教师应该努力帮助学生发现规律，总结规律。对于大学二、三年级的学生来说，学会自己观察事物，寻找突破点，深入探究实物规律，和系统归纳总结是非常重要的。由于我国的教育体系中，缺少很多让学生自己去探索发现的培养，所以大学教师在这方面的引导就尤为重要。高等教育对于个体培养中突出的一点就是，受过高等教育的人应该比没受过高等教育的人有主动创造的欲望和能力。

在这里，之所以选择一种自然物来观察和分析是有两方面的原因：一方面，自然物的存在有它一定的合理性，也就是说，它既然能够在自然界中存在，就必然有它种群可以繁衍，可以适应自然变化、季节变化、天气变化等因素，而个体中，一个一个微秒的细节也正反映着这些规律。往往，一个枝叶的截面变化、一个骨骼的微小空洞都深刻反映着自然力作用下的生长原理。并且，一个物种的存在是很多因素共同作用的结果，它的这些规律是一个合理和谐的系统，如果把a物的某属性简单搬到b物上面，很有可能就变成一个不合理的解决方法，或者造成许多连带的恶性的变化。因为大自然的选择是最残酷、最漫长的，所以很多现在存在的自然物都有着完备的自我规律系统，应此，我们的观察最好是从针对一个确定的自然物。另一方面，学生在开始的时候往往缺乏深入探索内在规律的能力，事实上，很多学生如果不能善加引导就不能意识到揭示深层客观规律的重要性。更缺乏把几个规律组织在一起的能力。课堂上经常是，如果拿来几个不同的物体，往往都是对每一个物体的分析都很肤浅，而几个物体的分析彼此没有联系。这样的学习是无益的，甚至是危险的，因为它不能帮助学生建立一种更高层次的自我的知识体系，只能获得一些零散的表面的认识，进而对于创造力的发展也是不利的。创造一定是基于认识的基础上的，没有认识的创造只是一种空谈。

应该鼓励学生的创造力，但是应该认识到，创造力和创造欲望的不同。创造欲望是每一个年轻学生都渴望的理想，教师不应该挫伤学生的这种追求。但是，创造力就不同了，它是一种需要学习的能力。创造力是建立在知识系统的基础上的，没有系统全面的对本知识领域的了解，是不可能有真正的创造力的。所以，从这个意义上，有时候严格而有点枯燥的基础训练是十分必要的。但是，教师一定要十分注意沟通的作用，在学生进行这些趣味性不是很好地练习的时候也能明白它的意义。

结构造型课题

目的：

1．发展结构造型能力；

2．尝试有机形态；

3．融合建筑功能。

课题：

800m² 展览馆设计

要求：

1．用地为25m × 25m，建筑面积800m²；限高2层；

2．展览馆功能包括：展厅、洽谈室（30）、普通办公室（30）、厕所（30）；

3．功能还应该包括：主入口区、货运入口区、观众休息区；

4．建筑要求空间宽敞，便于灵活布置，室内光线充足，楼梯布置合理。

作业要求：

1．过程模型（第一周）1：100，成果模型（第三周）1：100；

2．屋顶平面图1个，平面图2个，立面图1个，剖面图1个，1：100，徒手、尺规或CAD绘制；

3．设计说明或构思草图，以A4版面形式完成；

4．过程和全部成果图及模型照片做成A4作品集形式，版面效果完整。

时间安排：

第一周：从生物形态出发，发展建筑外形，制作形态概念模型，确定建筑功能和空间安排；

第二周：完善方案，确定结构形式，制作模型，推敲细部；

第三周：完成模型，图纸，排版，答辩。

作业讲评

自然界里的生命体有着自己的结构和形态，这二者统一的程度决定了它是否能在自然界的生存竞争中被自然所选择下来，而我们的作业正是希望学生可以发现这里的奥秘，把它们的结构造型原理应用到我们的设计中来。

这个作业对于学生的难点主要是发现规律和运用规律，如果只是停留在形式的模仿和意象性的理解，而不能上升到发现其中力的关系方面，就不能给予很好的评价。

图 6—1、图 6—2、图 6—3、图 6—4
学生：王鹏　班级：02 环艺

这个作业从一开始就想做一个有如自然地形一般起伏的造型和空间。为了解决这个问题，提出了用网壳和拱等不同的方法，最终考虑容易制作而选用了拱。用 5 根近于平行的拱形成主要的支撑结构，中间的曲梁搭在两支拱中间。造型方面推敲了很多起伏关系，使其在自然的感觉中带有人工的抽象。屋面最初是想直接做在曲梁上，但是制作的难度比较大，实际选用了搭在拱上而不是曲梁上，这样处理比较简单，而且把拱上的曲梁分成内外两个层次，但是曲梁的结构意义就不明显了。此外由于曲梁产生的侧向力一直没能很好的考虑，使得这个作业在造型概念上很好，但结构方面存在很多问题。

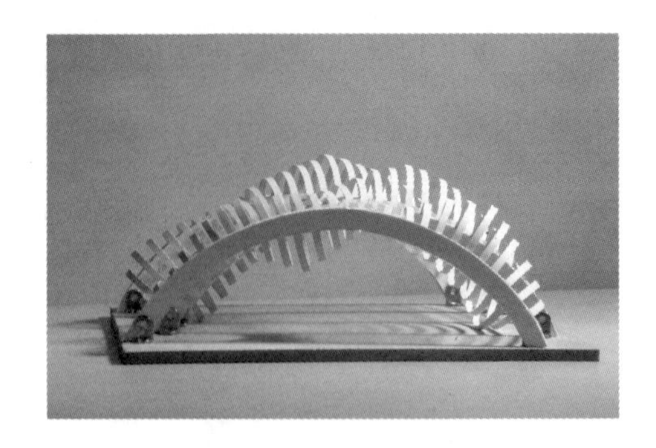

图 6—1

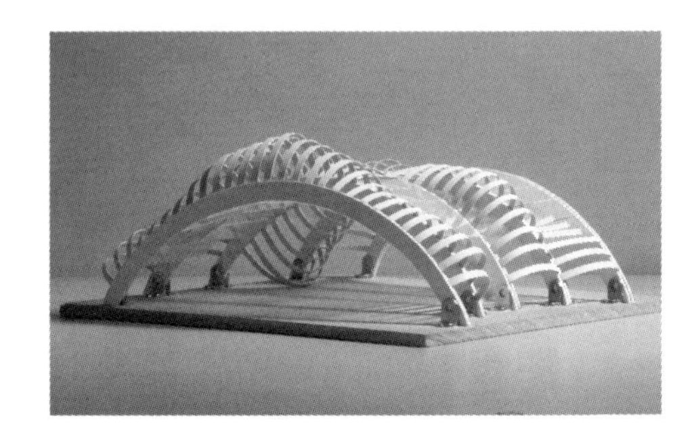

图 6—2

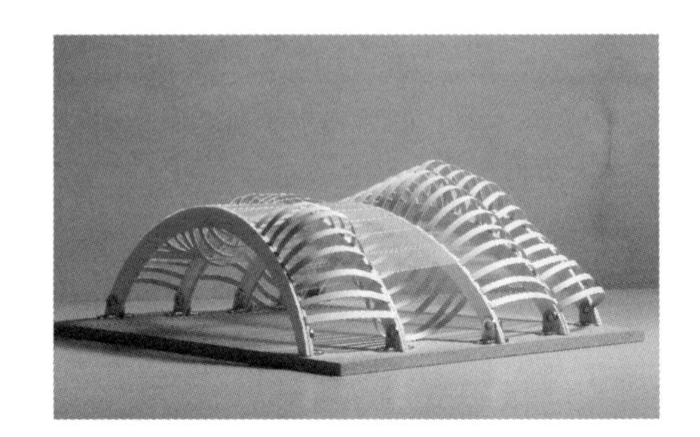

图 6—3

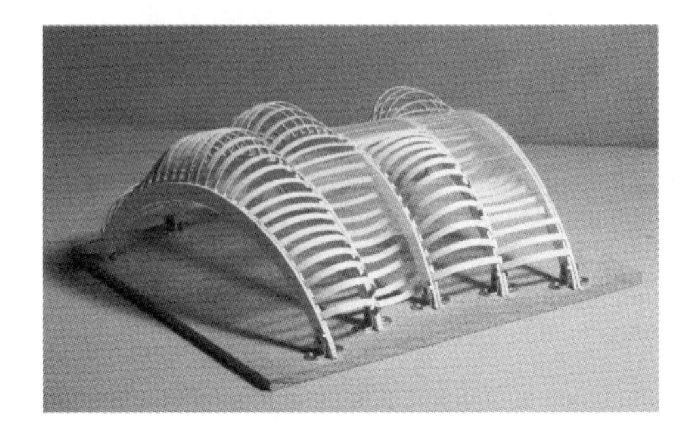

图 6—4

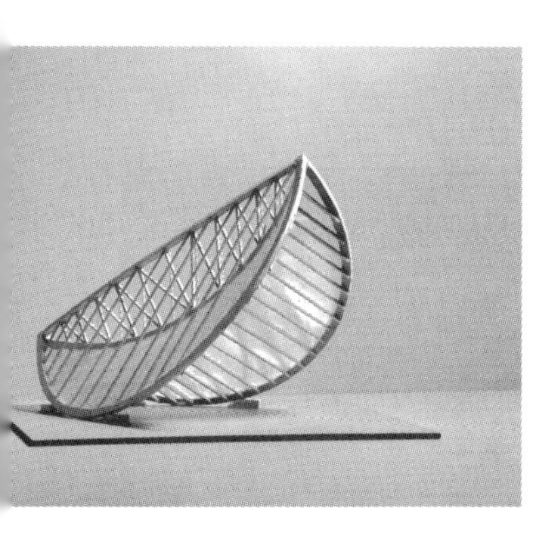

图 6—5

图 6—5

学生：郭欣　班级：02 建筑

作业的造型像一片叶子，但是考虑到结构的刚度不能像叶子一样柔弱，因此采用双层的整体结构，两层之间也用桁架连接。也可以看成是左右两个剖面为三角形的结构连接在一起，这样从断面来看就比较稳定了。但是由于放置角度的关系，下面的制作前端受压，后端受拉，以平衡中心，有一定的不可靠因素。因此，放置方式和支座如果能从新考虑可能可以更加稳定，并且效果会更好。

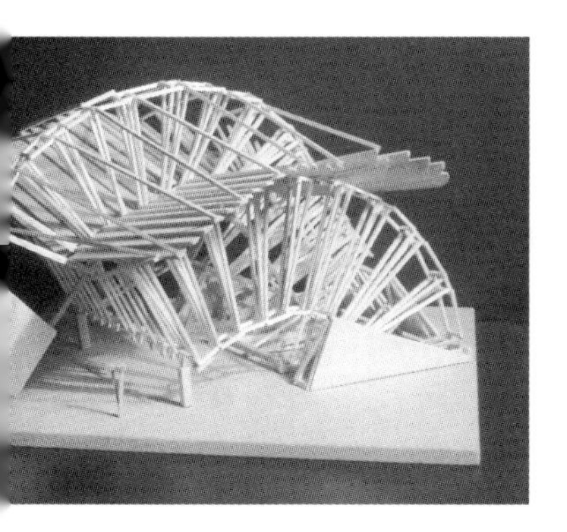

图 6—6

图 6—6

学生：景思博　班级：01 建筑

造型富于有机感，实际也是模仿一只鸟的造型而来。考虑了实际的结构，采用了三组曲桁架来形成中心支撑结构，其上用拉杆吊挂羽状的屋面。学生在造型方面处理很有力度感，视觉效果很强烈，也反映了生物形态的一些原理。但是造型的空间感和尺度感都有点偏离小建筑应有的范围，而且最大的缺陷在于桁架没有组成三角形的单元，因而是不坚固的。事实上在模型制作过程中，中间桁架在胶水未干的时候已经开始塌陷变形正说明了这一点，反映了学生对于桁架的技术理解还需要加强。

前面的三个作业只是学生在结构造型课题中自己运用有机形态而设计的造型，以下的作业才是以有机形态为教学要求的课题成果。

腹足类软体动物是很原始的生物，但是却是一种品种繁多、生存力极强的生物。由于一般都有坚硬的外壳，像是我们人类的住居，因此有着很多迷人的属性，也引发很多学生选择它作为原型。以下三个作业都是以壳为出发点，但是学生的兴趣点不尽相同，因而总结出来的规律也大相径庭，成果的形态因而也各有千秋。

图 6—7

图6—7、图6—8、图6—9

学生：张寒莹　班级：03 建筑

这个学生从第一节课就选择了鹦鹉螺为原型，因为鹦鹉螺有着黄金分割比例生成的完美螺线，而在她眼里，这个比例无疑是最美的，她就是要抓中这一点进行。但是当被问这种形式为什么美和它的数学规律时，学生并不明确。这反映了很多学生往往会在概念生成阶段止步于一种意象的理解，而缺乏深入分析的意识，需要教师不断刺激加深。最后的成果还是很好地反映了螺线优美的变化规律，并且使用了拱环来完成重要的结构作用。考虑到增加视觉的表现力，在观察原型的基础上对拱适当倾斜，加强了其向心的动势感。内部空间的尺度也很适当，但有些处理与外形的关系还不够协调。

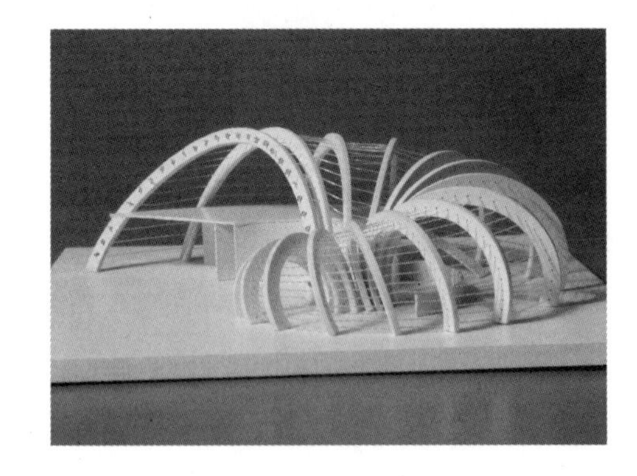

图 6—8

图 6—9

图 6—10

图 6—11

图 6—12

图 6—10、图 6—11、图 6—12

学生：段敏　班级：03 建筑

同样是以蜗壳为原型，这个学生则选择了表现螺的表面肌理的原理。蜗壳是十分坚硬而且分层来完成不同功能的，主要的目的就是防卫、坚固、持久。建筑的造型吸取了蜗壳的自然形态，结合建筑的特点，把入口适当收缩，而中间空间放大，起到内部私密的作用，而外观与壳的自然放缩的形体也有吻合。结构使用了一个网壳，表面覆盖鳞片状的面材。入口模仿腹足的形态设置一个楼梯，可以直接进入二层也是造型方面的趣味点。

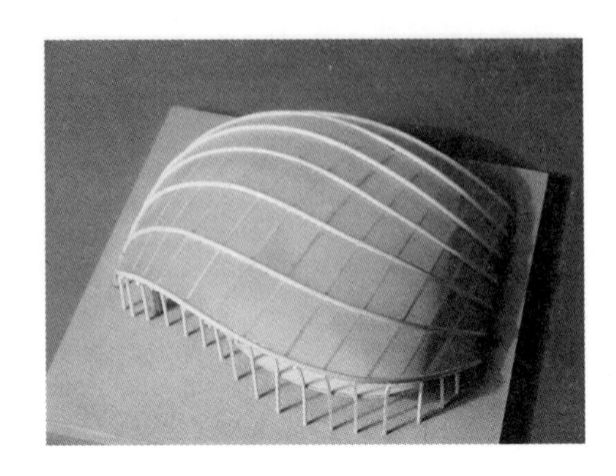

图 6—13

图6—13、图6—14、图6—15

学生：张传奇　班级：03建筑

这个作业选取的原型是贝壳。学生观察到贝壳身上有很多优美的曲线，进一步了解是由于自然生长形成的类似树的年轮一样的现象。而每条曲线都形成坚固的曲线结构，整体连接在一起则十分稳定。抓住这个规律，采用了单层的网壳形态，其中的一个方向的曲线被加强，显得富于动感。两端的处理采用不同的方式，一边汇于一个节点，一边分散处理，产生一些变化感。外表皮和空间的关系处理得也很适当。整体形象富于曲线的波动感，给人深刻印象。

图 6—14

图 6—15

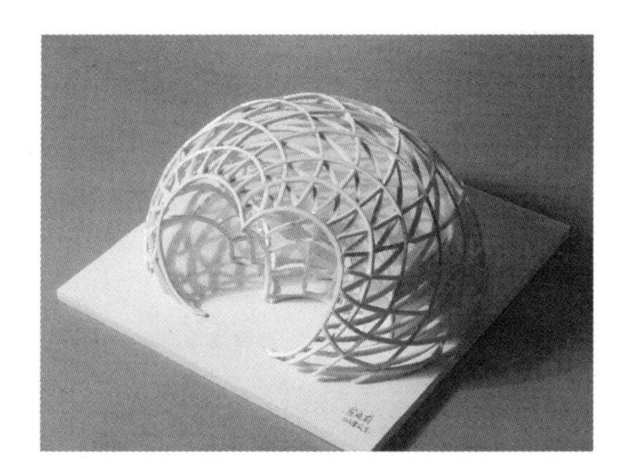

图 6—16

图 6—17

图 6—18

图 6—16、图 6—17、图 6—18

学生：崔晓萌　班级：03 建筑

与上面类似，下面三个同学都选择了网壳为结构，但是出发点各不相同。这个作业开始时选择了心脏为原型，因为心脏具有很好的肌肉的力量性。教师认为，这种选择可能很独特，但是学生很难找到一个可以观察的实物，这样就只能依赖书本和想像来理解，缺少第一手的信息，所以建议最好选择可以拿在手边的实物为原型。后来学生转为用数学中的心脏线这种曲线来表现，并且用心脏线在空间里组织了一个网壳。应该说，最终结构的造型具有很好的表现力，整体形象稳重，而微观来看充满旋转的动感。入口的处理也很别致，经过一番推敲和反复，成果还是令人满意的。

图6—19、图6—20、图6—21

学生：易琴　班级：03建筑

选用了龟甲为原型，理由也是龟甲非常坚固。在设计的过程中对龟甲进行分析后，希望表现它的几何纹样。经过一番深入讨论后，选择了拱为主要结构，因为感觉只有拱可以产生与龟甲一样坚固的效果。为了固定这些拱，防止其倾倒，在表面又增加了两个方向的加强杆件，这样就形成了三角形、六边形的表面效果，与龟甲的造型十分神似，原理也接近。设计非常深入，拱的形式等细节问题都考虑到了，形式很完整。

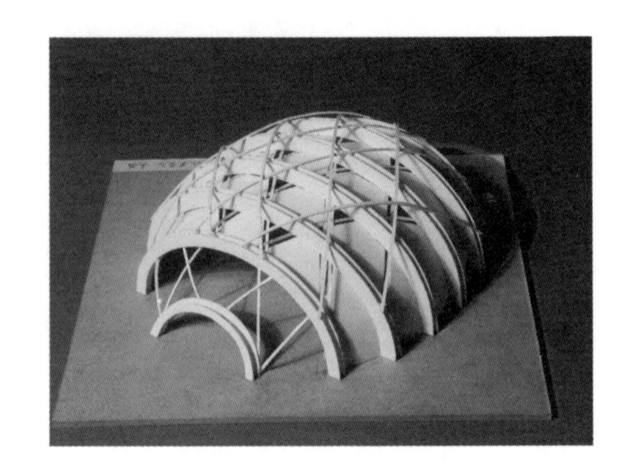

图6—19

图6—20

图6—21

图 6-22

图 6-23

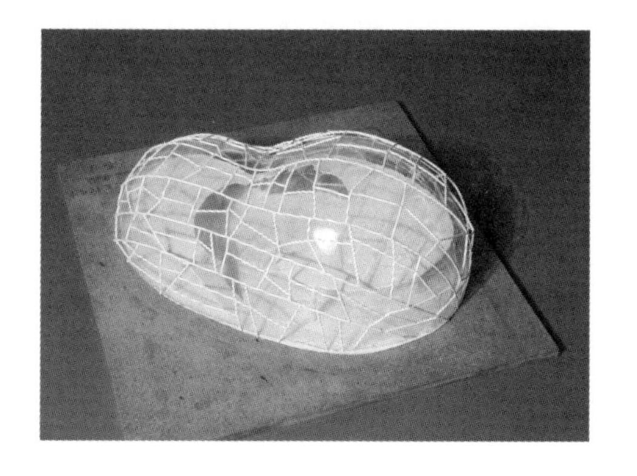

图 6-24

图 6-22、图 6-23、图 6-24

学生：刘伟　班级：03 建筑

一眼可以看出，这个作业是以花生壳为原型。这种原型的好处在于可以拿来分析，教师在课堂上曾经与学生一起在快乐地分享花生之余，仔细地剖开花生壳研究。我们用电锯切割花生壳以露出其断面，并且用小刀一层一层刮开花生壳的表皮。经过观察和归纳，认为其中主要有一定规则的筋，组成网架，然后填充中间部分组成的壳体。最终的模型也是根据这一原理做出来的。观察中的一些细节，如沿着长向总有一些通长的筋贯穿来使得结构有整体性，这也在模型中体现出来。模型的曲面透明材料采用了铸模热成型的方法来制作，效果很神奇。

图 6–25

图 6–25、图 6–26、图 6–27

学生：李丽卓　班级：03 建筑

学生选择了蜂巢为原型，并且研究了蜂巢的几何形态，在这基础上准备用一个结构体系来表现蜂巢这种没有建筑师的建筑。我们把竖杆保留下来，这样便于人活动和空间变化，横向的六角形的立体几何线条则通过分解成三角形的面来完成。这样，在一层和二层之间就形成一个折板的支撑体系，来承托二层楼面的荷载，而建筑的最下面，则处理成同样几何构成的网架，可以有更好的架空的技术表现力。模型的制作和视觉效果都很有表现力。

图 6–26

图 6–27

图 6-28

图 6-29

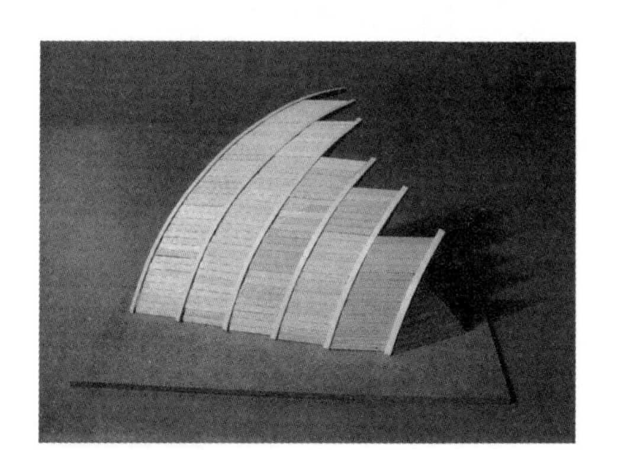

图 6-30

图6-28、图6-29、图6-30

学生：孙磊　班级：03 环艺

采用鸟的翅膀为原型，着力表现了翅膀的力量感。经过了解，分析了翅膀的骨骼，采用曲线的支柱来形成斜坡的屋面，而内凹的部分准备用玻璃来做成大面积通透的效果，外表皮材料也接近羽毛排列的样式。整个形体非常有张力感，一些细节处理又使得这种感觉得以加强。

图6—31、图6—32、图6—33

学生：王强　班级：03环艺

学生一直想以植物的叶子和茎为原型，因为觉得它们的生长形态值得效仿，而其中的原理也有启发和挑战性。中间用一个茎状的束柱为主要支撑，外面的屋盖都由这个柱子生长出去，采用了悬挑的结构。由于各方向受力平衡，因此整体不会倾覆。而每根杆件也考虑了悬挑的特点，并结合植物形态，做成后粗前细的形式，有利于力量的传递。整体结构舒展，结构构思大胆，而且有较高的完成度。缺点是围护用的墙体处理显得粗糙，与大结构的关系交待欠思考。

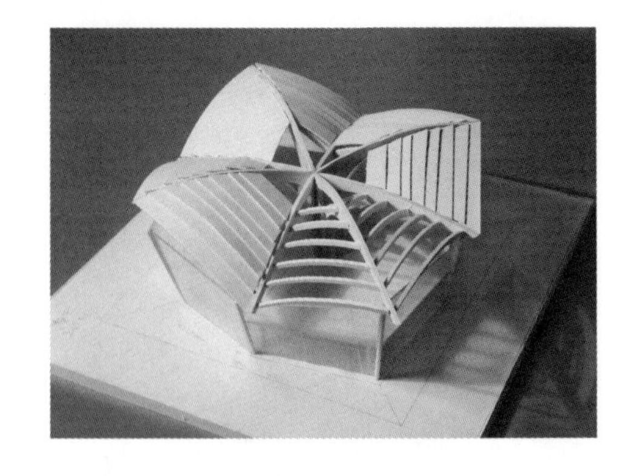

图6—31

图6—32

图6—33

图 6-34

图 6-35

图 6-34、图 6-35

学生：王文栋　班级：03 建筑

这个作业和下面的作业都以蛹为原型，吸取其中丝的拉力作用固定蛹的原理来完成。这个作业中用了一对有力交叉在一起的拱来悬挂主体，概念的表达具有一定的创造力。但是结构没有固定在地上，仍然很不稳定，而且主体形体的结构没有考虑，构思还停留在设想阶段。

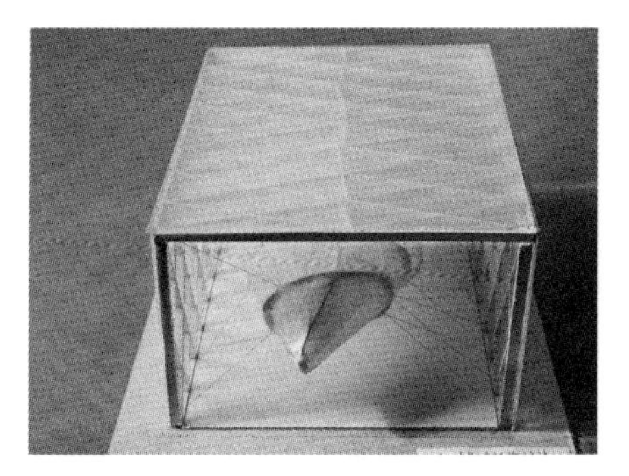
图 6-36

图 6-37

图 6-36、图 6-37

学生：阳威　班级：03 建筑

这个作业把不规则蛹形的空间吊挂在规则的方盒子里，两者形成强烈对比，空间的视觉效果很强烈。但是空间的使用方面的考虑欠妥当，中间悬挂部分如何运用，以及其内部结构的考虑还欠深入。

图 6–38

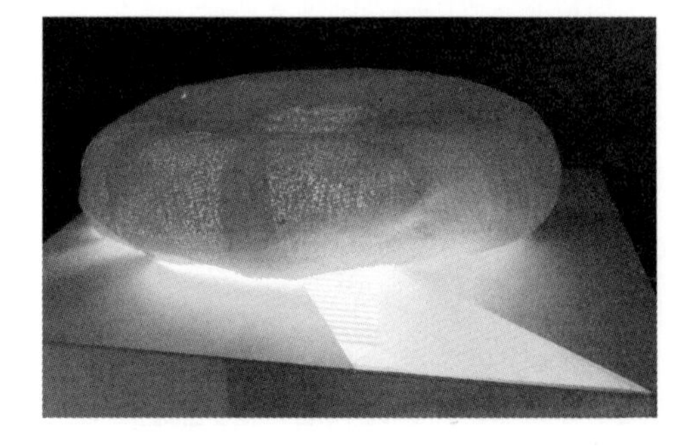

图 6–39

图 6–38、图 6–39

学生：苏迪　班级：03 环艺

学生选择了血红细胞为原型。主要是考虑它在血液中悬浮的状态很有内在的生物规律，它的造型没有方向性，可以任意游动因而有很大灵活性。结构准备采用充气结构来完成，模型处理采用了医用的石膏绷带，做成曲面的有肌理的外表皮。基本原理还是符合物理规律的，但是关于结构的一些不合理处一直没能解决，如中间的鼓起如何实现等。但是对基地环境做了一些设计，是本作业的优点。

图 6–40

图 6–41

图 6–40、图 6–41

学生：晏俊杰　班级：03 建筑

这个作业以虾为原型，主要想表现一种壳的作用和可动的结构。在后面做成金属板覆盖着拱形的结构，前面形成表皮的褶皱，而其中一部分结构是可以移动的。整体想法是很有创意的，但具体造型和很多细节欠推敲。

图 6—42

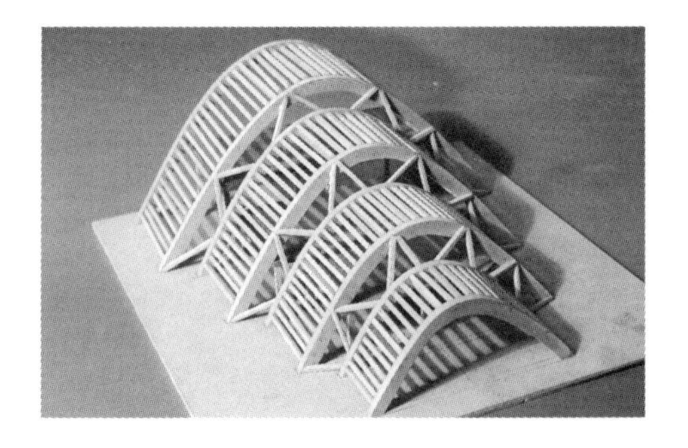

图 6—43

图 6—42、图 6—43

学生：孙晓雨　班级：03 环艺

这个作业也以虾壳为原型，并且找到一个虾壳来观察。发现虾壳是一片一片组成，并且其间有一定连接。以此方式完成这个作业，主体采用拱结构，中间部分辅以桁架连接。原本的观察中发现连接部分也是拱形的结构，但是后来因为模型制作的难度放弃了，有点可惜，否则可以使结构的逻辑性和相关性更加圆满。

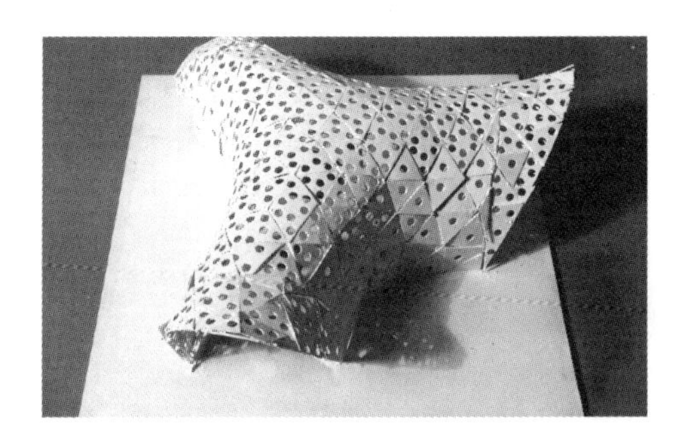

图 6—44

图 6—45

图 6—44、图 6- 45

学生：何欣　班级：03 环艺

以骨骼为原型，注意到骨骼既坚固又轻盈是由于其多孔结构造成的，因此设计了一个多孔的表皮和内部编织的网架。由于制作难度较大，最终成果略显粗糙。

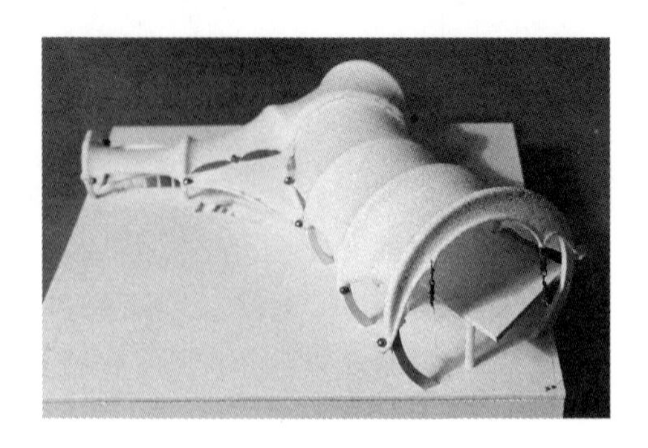

图 6-46

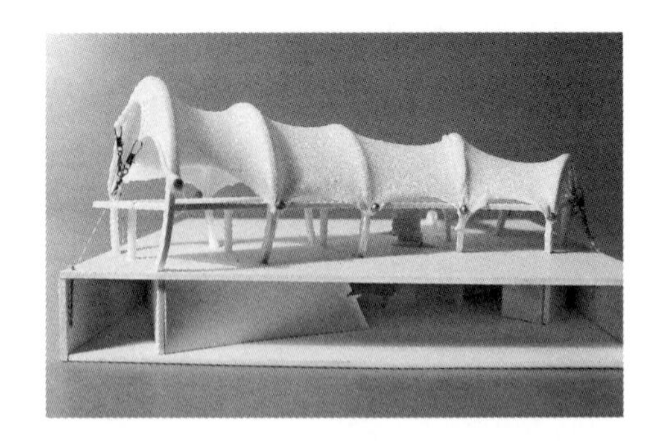

图 6-47

图6-46、图6-47

学生：马超　班级：03建筑

同样表现骨骼，选择了轻型的膜结构来实现，但是膜的处理和形态的把握不是很理想，整个造型缺乏完整性。在膜结构的细节处理方面没有深入设计，膜的拉力平衡问题也欠考虑，有些空间的尺度不适合建筑的使用。

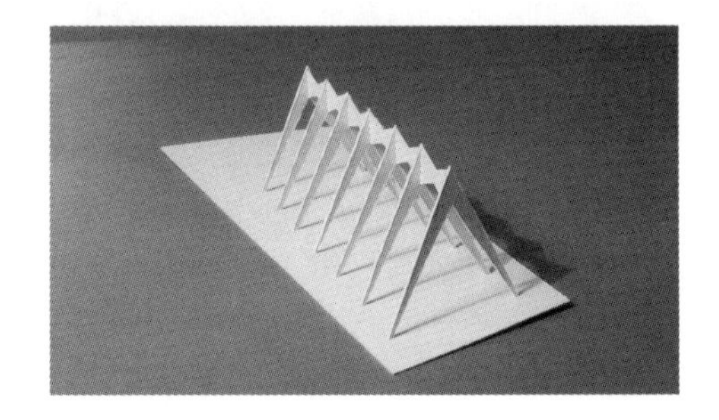

图 6-48

图 6-49

图 6-50

图6-48、图6-49、图6-50

学生：杜炜　班级：03环艺

这个作业也是以骨骼为原型，但是是以鱼骨为原型。主要分析了鱼骨的形态特点，对于每一品结构都做成削尖的形式来减轻自重。连接的部分则模仿骨节部分做出加强，也符合原型的规律，视觉上感觉有细部处理。开始时完成的草模已经基本达到概念想要完成的效果，如果要深入进行，应该从更为仔细地观察鱼骨中每一个截面的尺度、比例和形式，来深入理解生物世界里生存的奥秘与我们了解的力学原理之间的关系，这样才能深刻把握客观规律，做出更有深度的设计。总的来说，这个作业从造型形态表现力到结构合理性、形态原理的利用和空间的使用都是比较令人满意的。

图 6–51

图 6–52

图 6–51、图 6–52

学生：陶家乐　班级：03 环艺

这个作业也是以鱼骨为原型的设计。过程中，学生非常认真，在很早就做出几乎完成状态的结构模型，但是教师认为，在初始阶段，不宜过早进入到非常实际的设计状态，而应该更加发散地去想像和更加仔细地去观察，深刻分析有机物中值得我们吸取的原理。有时候也许发现的东西不一定最后都有价值，或者都要表现出来，但是开始的发现的过程是学生学会观察和分析的重要阶段，因此不能忽略。后来经过一些调整，方案还是具有很高完成度的。从模型的整体尺度与造型，到很多细部都考虑得很深入，但是由于缺少必要的原理分析，很多设计并不是很有依据和系统的关联。

图 6—53

图 6—53、图 6—54、图 6—55

学生：王跃颖　班级：03 建筑

设计采用了青蛙的全套骨骼为观察的原型。中间的曲梁形成脊椎，两侧的反弧线曲梁与中间曲梁相对，产生形式的对比呼应。两者之间连接的屋面因此形成一个扭面，具有力学上较好的刚度和视觉上的表现力。这些屋面拉杆同时起到拉接左右倾斜的支撑结构的作用，而这些都产生了比较强的力量感。结构的比例关系设计稳重，也考虑了很多细节的表现。在对造型的力的关系把握和造型空间方面都较理想，形式也具有一定的有机感和动势感。

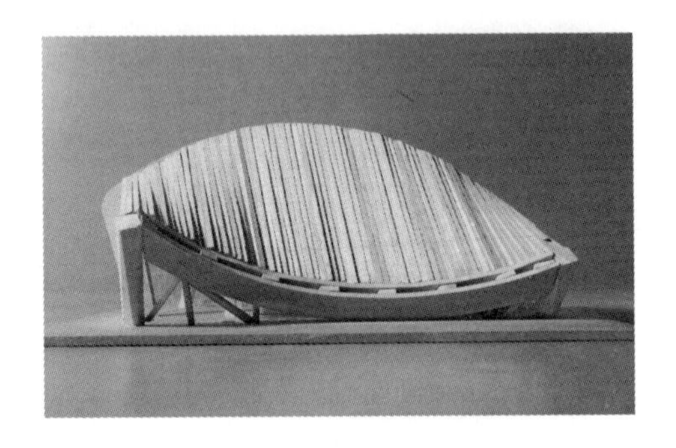

图 6—54

图 6—55

第七章　融入设计课中的结构造型意识

结构造型不仅仅是一门单独的课程，还应该是一种融入建筑设计课程的设计意识。对于结构的理解，显然不是通过一次集中的课程、4 周的作业就可以解决的问题。结构造型应该分成若干段落，从初步感性的认识，到深入理性的理解，再到全面综合的应用。结构造型本身就是一种思考的方法，它把结构和建筑的造型联系起来。

在设计课中，可以以结构造型为主题，强调学生在结构方面的意识。只有在设计课中不断强调结构造型的理念，才能让学生真正理解结构造型的应用方法。在我们的幼儿园设计课题中，正是贯彻了这样一种结构造型的观念。

传统建筑设计的课题总是涵盖了太多的要求，既要追求功能，又要形式，还要有文化，还要尊重环境等等。而学生在这些复杂的概念搞明白之前，根本谈不到调整其中关系和综合运用。相反，如果设计课的课题目的性非常明确，则能够在设计过程中令学生对某些内容和方法深入学习，也可以发挥教师的专业特点。

幼儿园设计的课题给学生一个展示想像力的空间。首先是概念的生成，然后是造型的物像化，然后调整使用的情况，接着就是结构的实现，事实上，"结构－造型－空间－使用"这四个部分是互相依存，密不可分的。作业分成 4 个阶段组织。

第一阶段是调研。幼儿园的设计对象主要还是幼儿，我们的设计从开始的时候，先是对幼儿的生活做了一番调研。调研的内容包括幼儿园建筑和幼儿的生活习性。参观幼儿园建筑是非常必要的，可以让学生比较好的了解一个建筑的基本运营状况，这部分调研的目的是对幼儿园的建筑使用模式有所认识。另一方面，调研幼儿的生活更为重要。调研能够给学生一个有趣的出发点，让他们寻找与众不同的设计亮点。

在我们的调研过程中，也遇到很多阻力，其中最大的阻力是幼儿园对于陌生人的参观活动并不持欢迎的态度。但是我们的学生发挥他们的主动性，很策略地解决了这个问题。他们在联系的时候不是以参观为理由，而是以义务教小朋友学画画和献爱心这类理由，相对比较容易受到幼儿园的接受。其实教小朋友学画画是很简单的事情，事先准备一些简笔画、简单卡通之类的素材应该可以适合了。参观过程当中的确发现很多想不到的事情。

学生曾经注意到：很多小朋友的画面色彩都非常特别，颜色十分鲜艳，并且与客观世界的物像有很大区别。这种很有意思的现象，一般人如果仅凭想像可能把它归结为儿童超现实的想像力的个性的表达。但其实不是这样的，真正的原因在于儿童所使用的蜡笔盒。蜡笔的颜色决定了画面一定是鲜艳的，而儿童选择色彩的时候往往不是根据蜡笔的颜色是否和物像一致，而是会选择蜡笔盒里最漂亮的一支。换句话说，他们是根据蜡笔是否漂亮而选择颜色，而不是根据物像是否漂亮而用一种适合的颜色去表现它。其实学建筑的学生遇到的问题又何尝不是这样的呢。

事实上，第一阶段是一个概念生成的过程，要求学生在调研结束的时候除了对幼儿园建筑有一个基本的了解，还应该对自己的设计有一个基本的方向。

从第二阶段开始是设计的过程。第二阶段是一个概念物化的过程，即对第一阶段形成的文字性的概念进行视觉处理，形成一定的图像效果。虽然草图或者草模有可能是十分稚嫩可笑的，但是这样可以有很多可发掘的空间。这个阶段要求学生每人发展两个不同的构思方案，最终是在全班投票的方式下由同学集体选择的。

第三个阶段是深入设计的阶段，要协调从使用到空间，从造型到结构的关系。时间上最长，也是最重要的阶段，它关系着学生的想法是能够落实成一个可能的建筑形式，还是只是停留在一个概念之上。要多鼓励学生，让他或她能够实现自己的想法。在他们犹豫的时候，要给予信心，让他们做出必要的选择，选择一个可以接受的可行解，然后继续前进，而不要追求所谓最完美的解决，结果只能是停滞不前。

造型与结构的结合是非常重要的一环。在结构造型课的影响下，可以有意识引导学生向探索尽可能有趣的造型方向上发展，并且对其中的结构给予支持，提出一定的解决办法。事实上，很多学生已经可以自己提出解决办法，教师需要做的是检验一下它的可行性有多大，有没有可以改进的空间。

最后一个阶段就是制作阶段。我们要求学生做比较大比例的模型。这时因为大比例的模型可以有比较好的展示效果，最后的完成可以给学生自己满足感；并且大比例模型可以揭示的问题更多，有利于在制作过程中深入理解设计；而且大比例模型比小比例的容易做，因为手可以比较容易操作，而细微的误差会比较容易忽略。当然，在此之前应该方案比较确定，并且做过一些适当比例的小模型。这一阶段也比较长，因为我们把做模型的过程看成是设计过程的一部分，而不是仅仅作为表达，时间上留有一些修改的余地比较理想。而且做模型的时候是最能深入理解造型与结构关系的时候，我们要求学生把建筑能够反映出来的结构做出来，有时候甚至打开一部分来揭示模型内部的结构。实际上，很多学生由于在设计过程中已经融入了结构的概念，结构已经成为他们造型中的一个部分，因此在制作过程中会主动表现结构造型的理念和形态处理，也会关注到细部设计的作用。

作业分析

图 7–1～图 7–6

学生：王志磊　班级：02 建筑

在设计的开始阶段，学生就非常主动认真地参加调研，从场地到幼儿园建筑，以及幼儿的活动方式，有了很多有益的理解。在此基础之上，才能够形成一个好的概念，认为幼儿园与 UHN 国际村的关系就好像钢筋混凝土丛林里的一些小蘑菇。这不仅是从感情上的一种类比，也是从尺度上的一种比较。

这个概念的结果影响着后面的设计。当别的同学试探性地提出两个可选概念的时候，他在和我讨论后，根据这一相同的概念发展了两个不同的造型倾向：一个倾向于更分离地组织幼儿园的单元，另一个更集中地来处理。而这两个造型的空间模式最后都融合到了最终的设计方案之中。因为后来的方案在两个好得难以取舍的构思之间采用了一种互相渗透的想法，在一个集中的顶盖下面，包含若干分离的单元。

而这要求建筑存在两层表皮。结合关于蘑菇的原始构思形态和两层表皮的需要，把首层全部架空，形成儿童活动的空间。从二层起全部封闭，先是有秩序地组织了若干彼此分离的单元，而后在其上面覆盖一个整体的正交网壳，来形成封闭的室内空间。而每个单元都伸出树形的结构，来支撑网架的荷载。网架上覆盖透明材料，而下部的单元则为不透明材料，这样还能保持隐约看到一个个蘑菇形的造型。整个上面的网壳会形成侧向的推力，因此在二层平台设置了封闭的环形圈梁来承接水平力的作用，最下一层也采用了树形的支撑来承托上面的荷载。

整个造型因为有趣的概念而有着明确的发展方向，之后的种种解决也很好处理了技术与艺术之间各方面的矛盾，成果的表达也十分出色，是难得的优秀作业。

幼儿园设计——蘑菇园

作　　者：02级建筑 王志磊
指导老师：王环宇

幼儿园调查与儿童心理研究

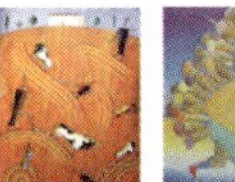

幼儿园设计与其他建筑设计不同,无论是尺度、空间、还是造型都要符合儿童生理与心理的需要。儿童那充满想像的心理世界便成了设计的起点。

一组儿童插画激发了我创作的冲动，简练而丰富的几何形体、不符合常理的比例与逻辑、幻想与直觉、好奇与探索提供了丰富的创作线索。

几次幼儿园的实地调查使我对儿童有了更直观的认识，尤其是孩子们在各异的器械上嬉戏时，不同的空间体验给孩子们带来无穷的乐趣。

我决定放弃惯用的正交直线，用有机的曲线塑造一个充满童趣的幼儿园。

基地调查

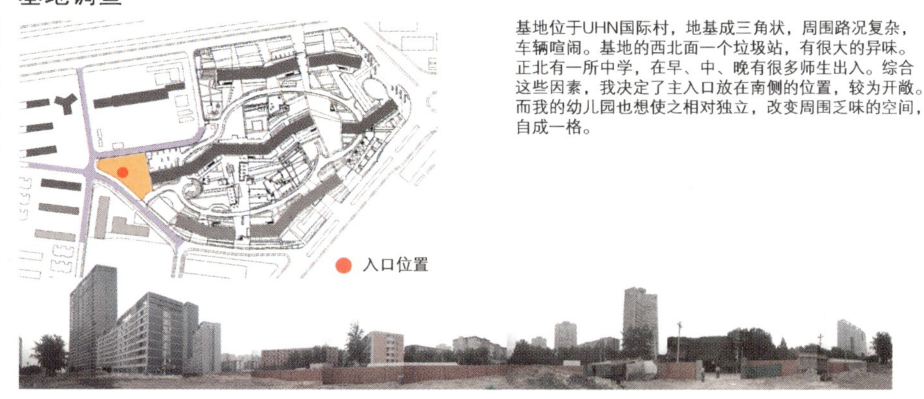

基地位于UHN国际村，地基成三角状，周围路况复杂，车辆喧闹。基地的西北面一个垃圾站，有很大的异味。正北有一所中学，在早、中、晚有很多师生出入。综合这些因素，我决定了主入口放在南侧的位置，较为开敞。而我的幼儿园也想使之相对独立，改变周围乏味的空间，自成一格。

概念的形成

在高楼林立的水泥森林里，充满了喧嚣与造作。巨大的方盒子横七竖八的躺在冷漠的大地上。
偶有飞鸟掠过，冷眼俯视僵死的大地，却无处栖息。
偶有一天，一场春雨洗礼了这片戈壁，饱满的雨滴前仆后继，湿润着、感动着这边僵冷的土地。
土壤开始松动，生命渐渐萌醒……
不知何时，死寂的林间传来孩子的欢笑，一簇蘑菇害羞的立在林间的空地。
硕大的蘑菇上罩着湿润的露气，在阳光的照耀下闪着晶莹的露光。
这里成了孩子的乐园，这里使整个森林充满了生机。

体量草模

是加强整体的动势，塑造出完整的具有动感的造型，还是强调单体的组合变化，排列出丰富的平面布局？是创造一个多簇式的空间还是赋予每个班级有自己的活动空间？形式、功能不断地影响着方案的发展，但我努力维持自己的最初概念，或者说是直觉。或许我应该摆脱一切束缚，就像一个小孩子在涂鸦自己的大蘑菇。

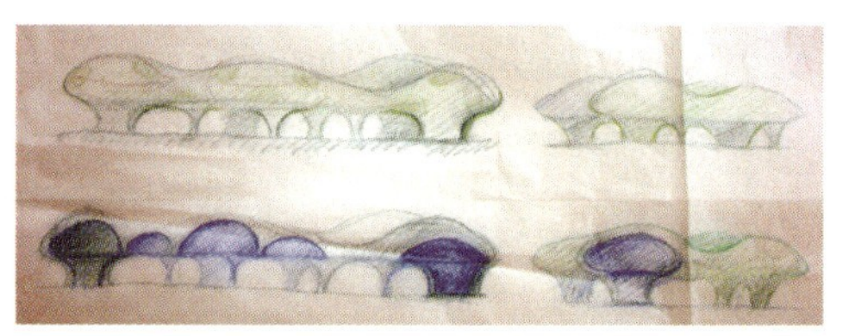

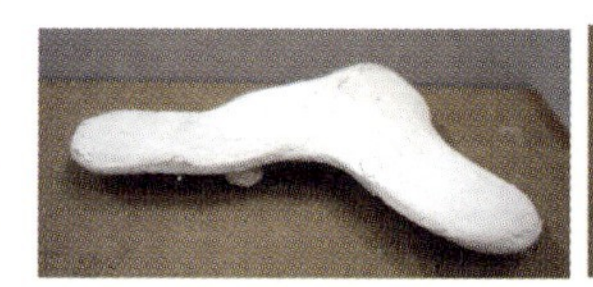

图 7—1

方案设计

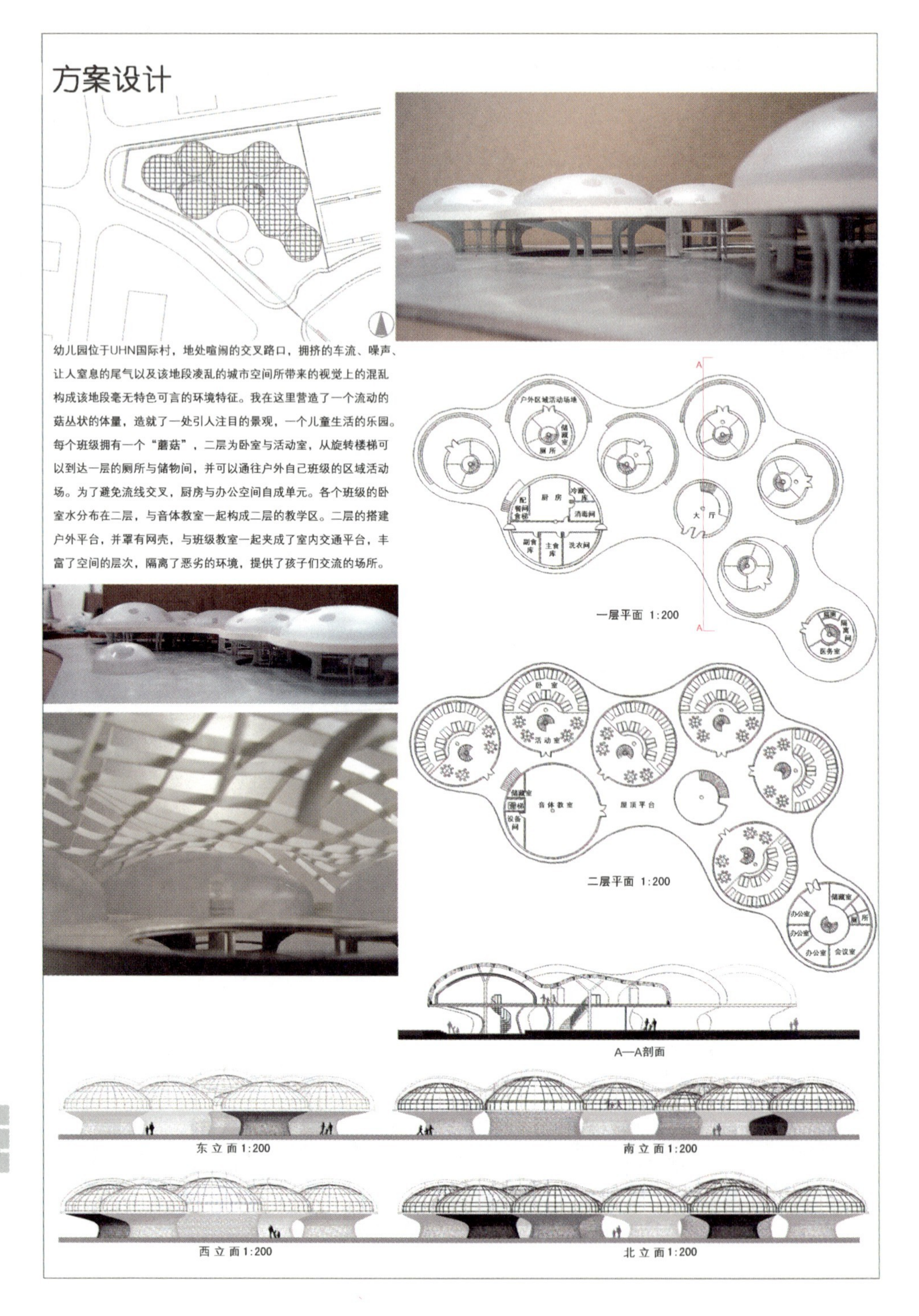

幼儿园位于UHN国际村，地处喧闹的交叉路口，拥挤的车流、噪声、让人窒息的尾气以及该地段凌乱的城市空间所带来的视觉上的混乱构成该地段毫无特色可言的环境特征。我在这里营造了一个流动的菇丛状的体量，造就了一处引人注目的景观，一个儿童生活的乐园。每个班级拥有一个"蘑菇"，二层为卧室与活动室，从旋转楼梯可以到达一层的厕所与储物间，并可以通往户外自己班级的区域活动场。为了避免流线交叉，厨房与办公空间自成单元。各个班级的卧室水分布在二层，与音体教室一起构成二层的教学区。二层的搭建户外平台，并罩有网壳，与班级教室一起夹成了室内交通平台，丰富了空间的层次，隔离了恶劣的环境，提供了孩子们交流的场所。

图 7—2

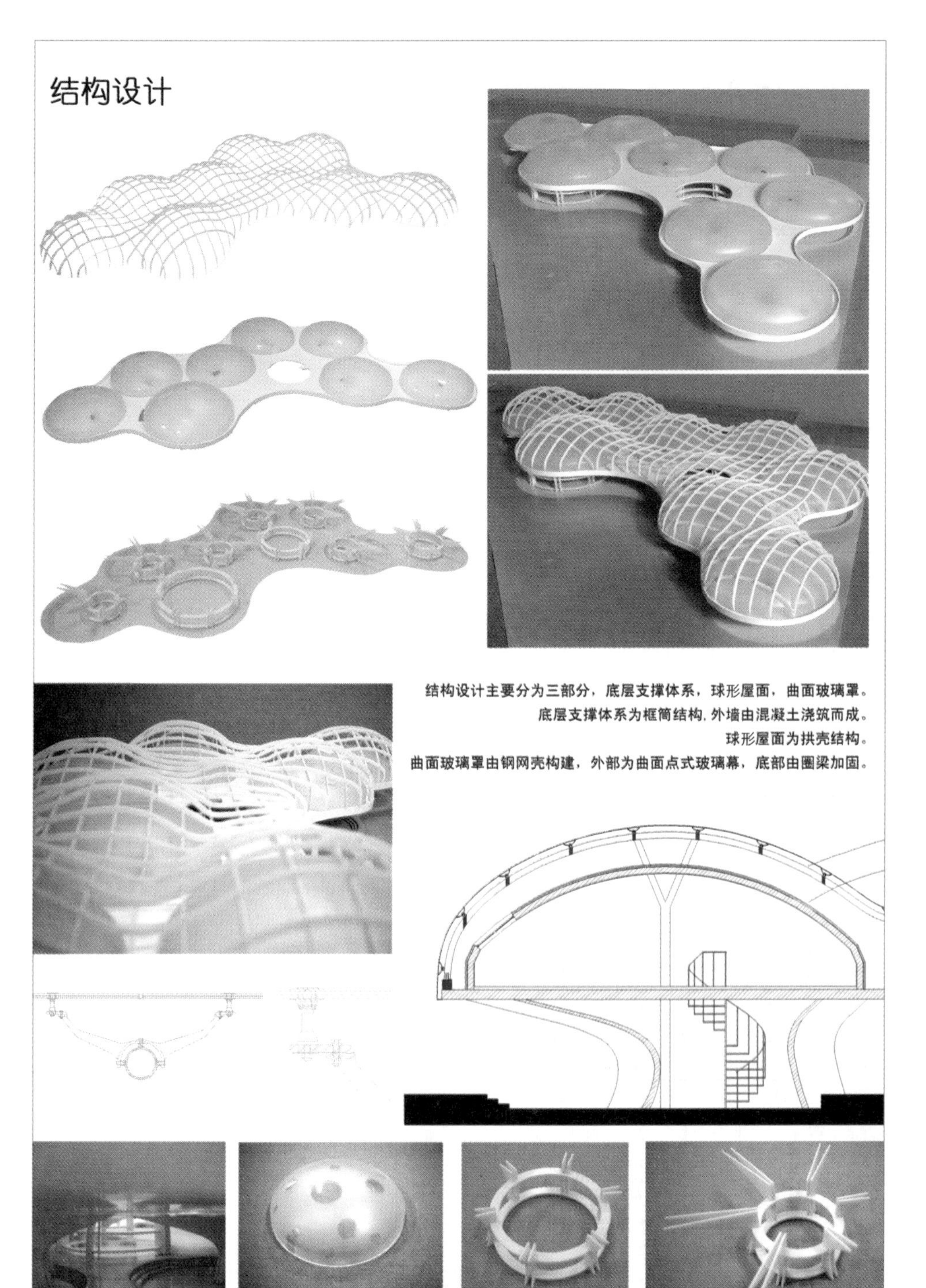
结构设计
结构设计主要分为三部分，底层支撑体系，球形屋面，曲面玻璃罩。
底层支撑体系为框筒结构，外墙由混凝土浇筑而成。
球形屋面为拱壳结构。
曲面玻璃罩由钢网壳构建，外部为曲面点式玻璃幕，底部由圈梁加固。

图 7—3

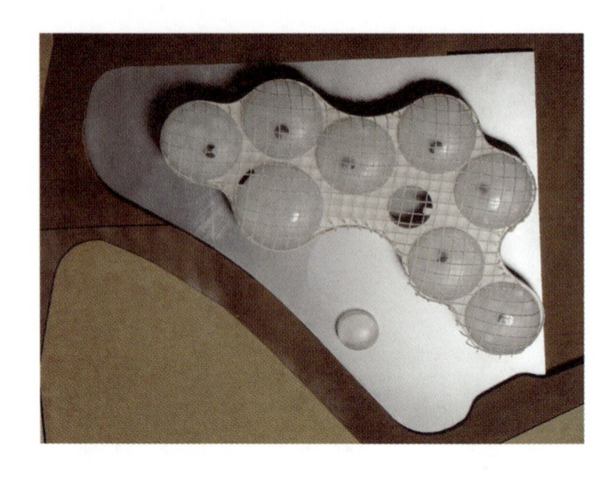

图 7-4

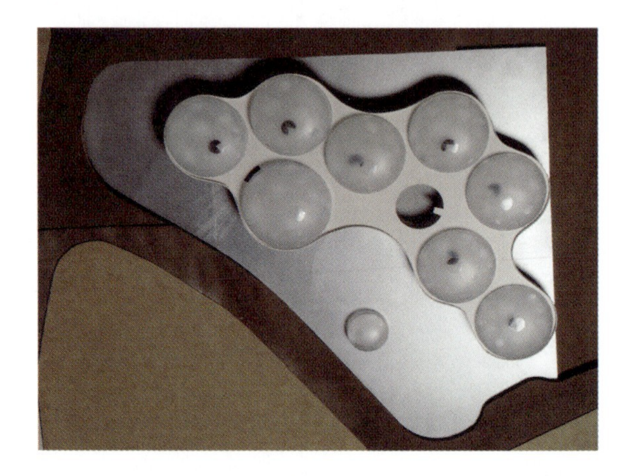

图 7-5

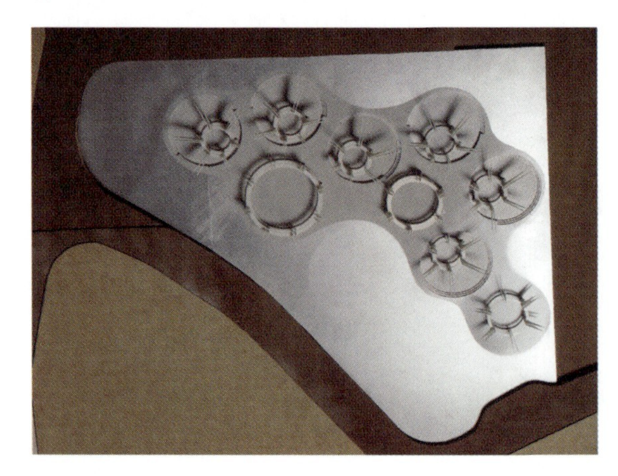

图 7-6

图7–7、图7–8、图7–9
学生：汪倩　班级：02建筑

汪倩:“设计最初的想法是想让幼儿园中的各个班级独立起来自成系统，同时又不脱离整体，希望出现一个大的公共区域，有一个共同的门庭，各个班级又自成一体。这样散落与整体互相协调的关系，让我联想到了露珠：总是有有一潭集中的大水珠，其他的小水珠似它的附属品，但其实也相对独立。这样的状态是我所寻找的，走近了惟恐被吞噬，离远了害怕被抛弃，在近与远之间达到一种平衡。

我设想利用单元形的变化组合来表达我的想法，在经过几次反复推敲之后形成了这样的外部形态，建筑的内部也严格按照这样的原则组织分割空间。建筑中央的大厅是整个幼儿园的核心，中心的同心圆大厅是他们的公共活动区音体教室，其余的空间被放射状分割，区分了教师办公区域和后勤工作区域。围绕在大圆周边的6个半球，分别是各个班级，它们两两相通互相联系，它们的位置是通过大球的连线球和辅助球确定的。

每个单元球分为上下两层，由于球型在空间上的特殊性，会有一些问题空间的出现，于是我将可能会出现浪费空间的2层设计为睡房，并不需要过高空间。高度可以保证的1层设计为游戏空间。每个班级有2个出入口，一个直接通向户外操场，一个通过一条地下通道可以和中心的大厅相连，这样就解决了单元班级的相互交流又互不干扰的问题。幼儿园的操场设计也根据建筑外延的辅助线和延长先做出了高差。”

这个构思在开始的时候源自于非常潦草的几个圆圈交叠的图形，希望把球形作为单元来组织，吸引儿童的好感，而球形有着高低、主次等方面的变化。这个方案在两个构思中显得很活泼，学生也倾向于这个概念。此后的工作就是在不断处理其中的细节问题。

首先是大的功能中心，它需要完成幼儿园的各种功能，并且要呼应球形单元的造型。教师帮助学生理清复杂的功能，使得她可以把经历投入到空间形态的考虑。整个幼儿园建筑群的布置也是在一系列理性的几何推导中逐渐形成的。而这是主要的经历就该是投入到结构造型方面，我们也尝试了一些不同的方法，最后选用的构架形态是其中比较简洁的一种解决。每个单元都有6根弧形的梁柱组成球形的经线，然后处理楼面等的问题，放弃了20面体球形的打算，认为从形式的整体上难以和主体造型协调，而且个体形象也比较复杂。

图 7—7

最后的设计不断协调各种功能与空间起伏之间的矛盾，还是比较满意地处理了后期应推敲的各种细小的关系。最终的效果十分活泼，建筑性格符合幼儿园的性格。而其结构也成为造型的重要支持，富于表现力。

图 7—8

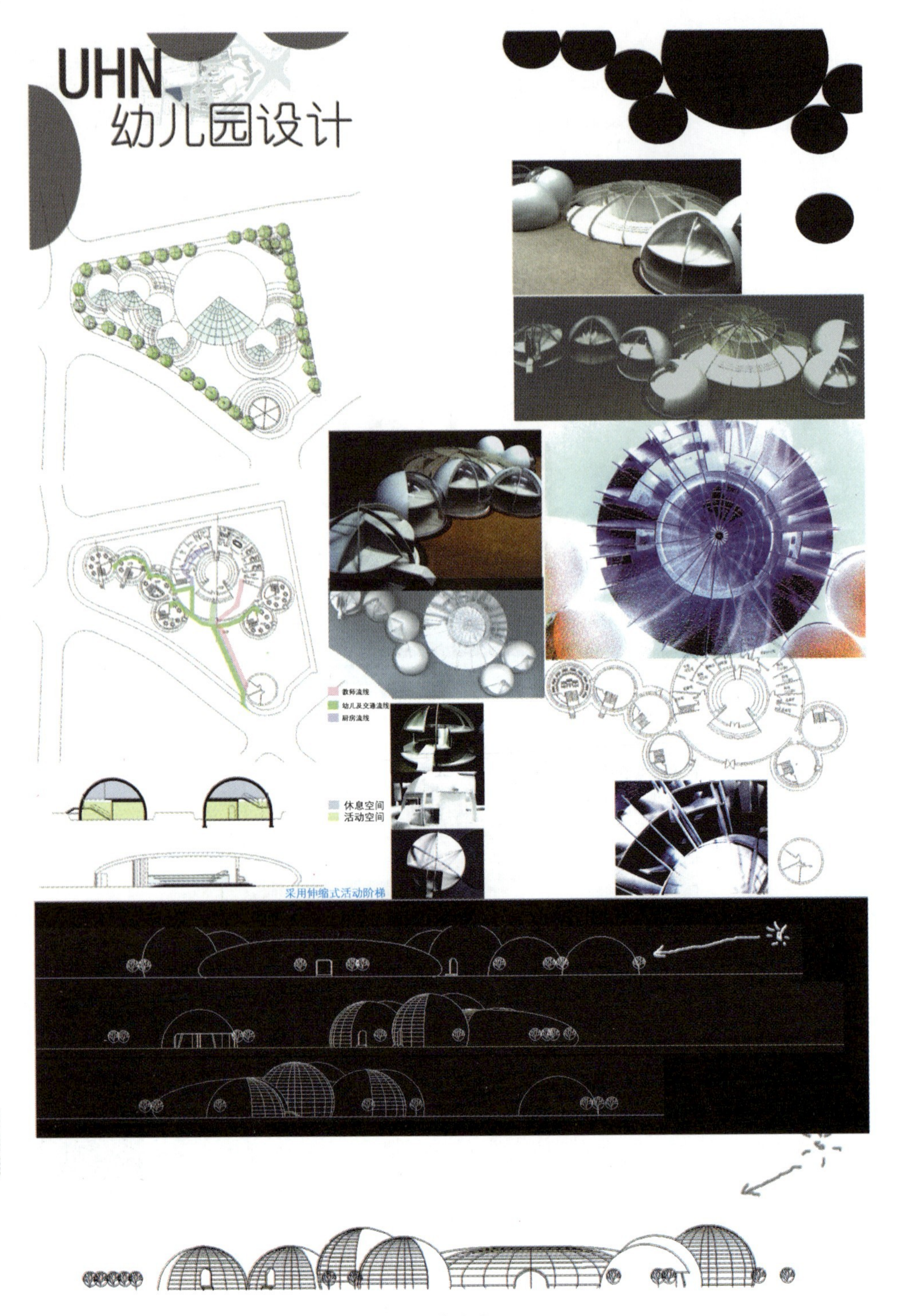

图 7-9

图7—10、图7—11、图7—12
学生：冯雪婷　班级：02建筑

冯雪婷："幼儿园设计是一个很有挑战的课题。作为设计者，必须通过各种手段来得到足够的信息，确保我们能够真正站在作为使用者的孩子们的立场，设计出他们想要的，或者是适合他们的这样一种建筑。所以在课题的前期，老师带领我们花费了相当多的时间来做调研，包括对儿童行为的观察、儿童心理的了解以及对幼儿园现状的思考等等，为下一步的设计做好了充分的准备。

我从调查的结果中挑选了几个比较感兴趣的点进行方案的扩展，多数是依照提炼的单元形，根据功能的需要进行有效的排列，但始终拘泥于形式，在情感上却不能打动人。换个角度来思考，儿童想要的并不是豪华、现代的幼儿园，而是一种亲切的空间体验。一个能吸引儿童的幼儿园，首先在外形上就应该有戏剧化的效果。于是在众多孩子们最感兴趣的事物中，我选择了火车这一形象，它不但能满足孩子的新鲜感，同时在实用方面也是有其优越性的。一列火车所承载的功能，和实际的建筑十分相似，具备各种功能的区域可以模仿车厢排列，更重要的是一列火车所承载的情感能满足孩子的愿望，童话般的意境，像坐火车一般，不断行走的空间体验，甚至是更多的想像。想法被采纳后，更多的是进行细节上的调整。为了避免单纯的模仿，车身的剖面由普通列车单调的矩形变化为六边形，同时也将每个车厢依据功能的需要分为上下两层，而在外形上则尽量保持其卡通活泼的形象，这样一个幼儿园所呈现出来的性格就很鲜明了。"

和前面两位同学不同，当冯雪婷在一草拿出两个方案的时候，教师和其他同学都倾向于她的第二方案。尽管第一方案已经有了不少图，但是第二方案的一段诗意的描述吸引了我们："开往20xx的列车……儿童是其中的乘客，老师都是服务员……"这种有趣的隐喻是更有潜力的概念，而且要做成火车的造型也不是胡乱的幻想。儿童总是惧怕第一次去幼儿园，但是却喜爱第一次坐火车，那么干脆把幼儿园做成火车，让他们去体验这种新奇。

概念的新颖也决定了其功能内容和教育模式的与众不同。整个建筑把所有班级和其他功能空间组织成线性的空间排列，餐车对应餐厅，火车

幼儿园设计

02建筑 冯雪婷　　指导老师 王环宇

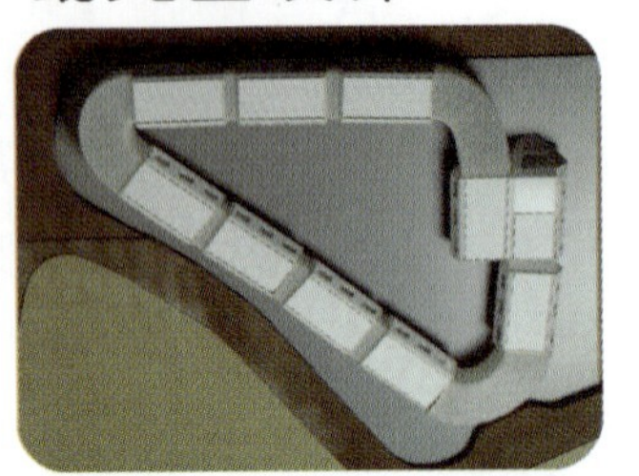

通往XXXX的列车

一直在寻找一种关系，儿童与建筑的关系。
每天，孩子们从四面八方涌向这里，受着某种秩序的约束，同时也享受到了相应的服务。
从而联想到列车，一列有感情的车，它包容着孩子，把他们带去自己的目的地。
老师和员工们扮演着不同的角色：列车长、乘务员、餐饮服务员、医生等，他们不仅要为小乘客们作出正确的引导，更要提供完善的服务。

初期构想

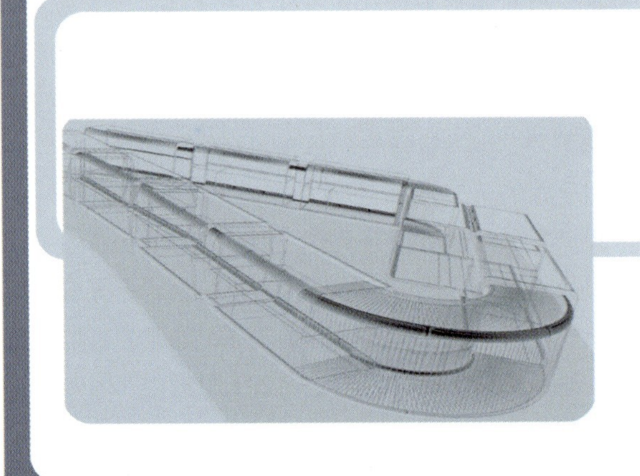

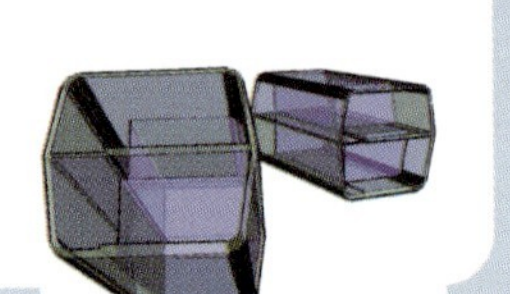

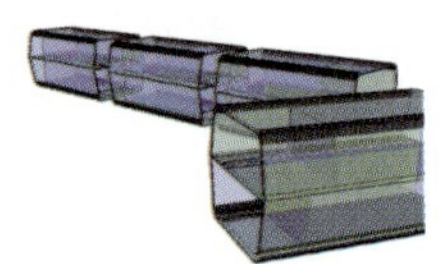

图 7–10

头对应入口，而封闭的环形形成了内向的院落，车身交叠的部分在二层形成了整体的大空间来满足大活动室的要求。一个整个连通的空间给孩子带来的是互相的观察和学习，也许实际中很难操作，但是很有启发性。

解决好功能空间的矛盾，我们把更多经历投入造型与结构的设计。

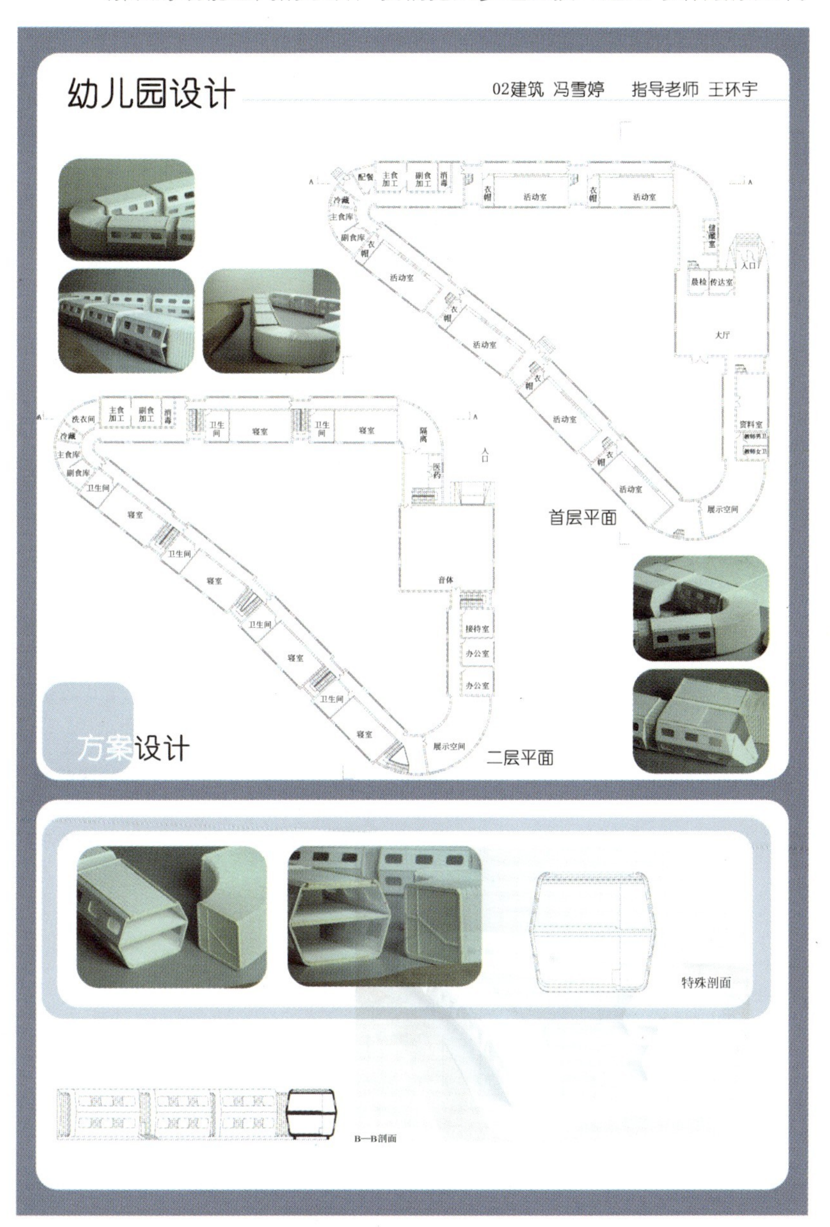

图 7—11

学生也参考了许多火车的造型,并选用了更加现代感的子弹头列车的造型元素。而车身用六边形的箱形结构具有很好的整体性,而且视觉的效果也有较好表现力，底层架高一点，以留出一部分像是轨道的造型空间。

开往 20xx 的列车，一列载着我们梦想的列车，通向未来。

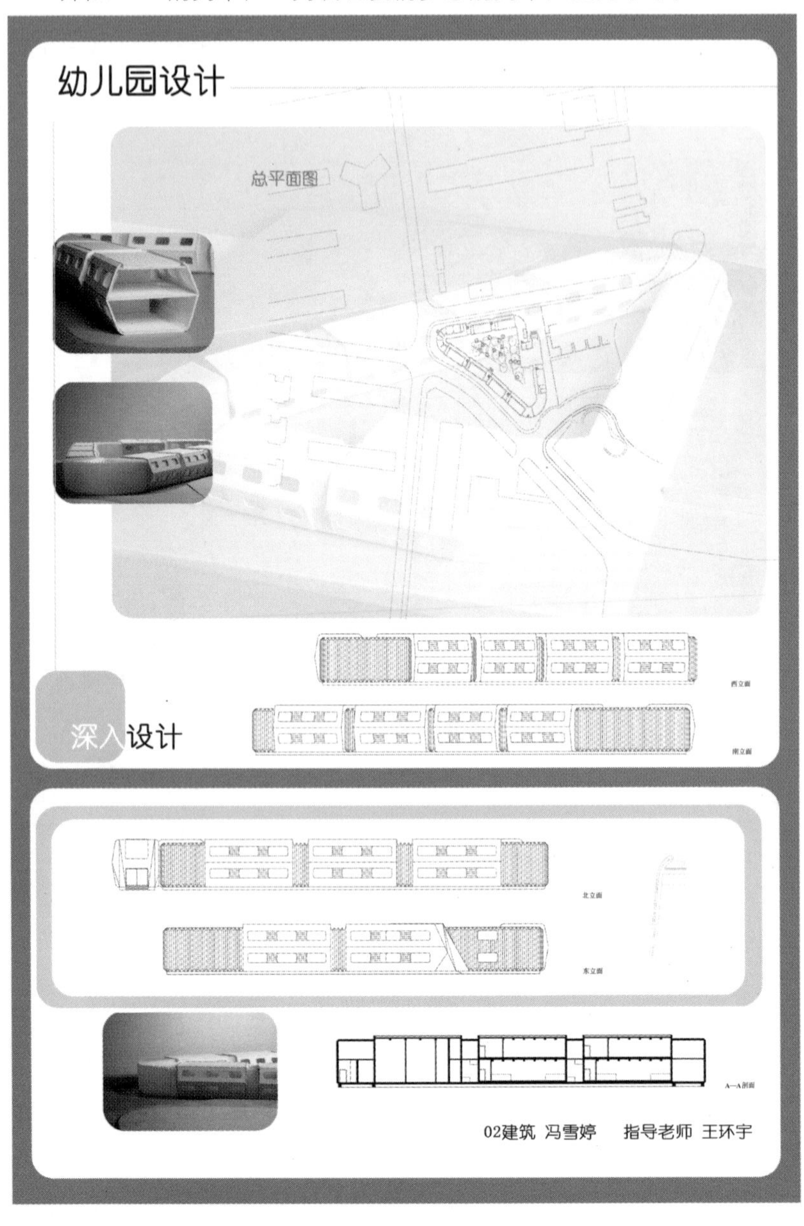

图 7—12

图 7—13

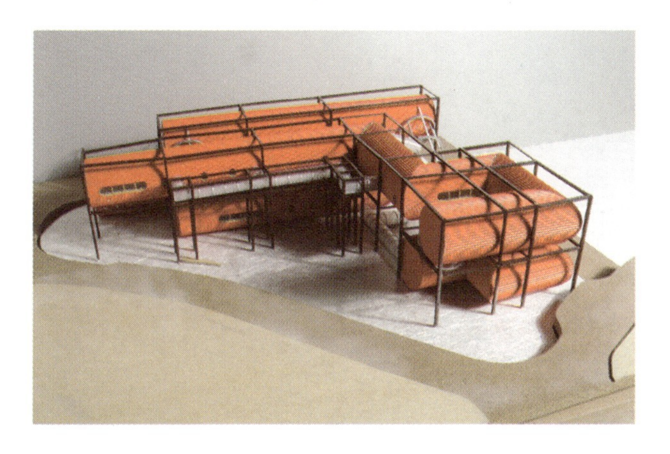

图 7—14

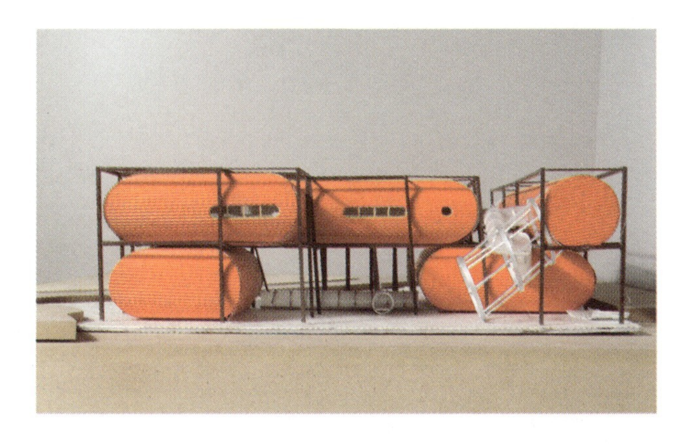

图 7—15

图7—13、图7—14、图7—15

学生：姜志勇　班级：02建筑

这个方案起步比较慢，但是通过后来的抓紧，仍然取得了很好的成果。构思来自大型儿童玩具的启发，准备把幼儿园就建成可以玩的玩具似的，因而采用了圆筒的造型。这个造型的确给功能的解决提出很多难题，但是最终学生还是有能力通过计算，尽力协调了这些矛盾。

在最后阶段，甚至后来居上，深入到结构和构造设计中。对圆筒的内部结构做出妥善的处理，事实上这也是空间设计的必须。因为如果不能给出圆筒内的结构尺度，则空间的可行性都会被置疑，而给出确定的解决之后确实是一举两得。后来考虑结构因素添加的架子也在造型中扮演着重要的角色。

图7–16、图7–17、图7–18

学生：张红梅　班级：02建筑

这个设计希望有一个循环起伏的屋顶活动平台，并做成一种有机形态以适应儿童活泼的心理。

整体造型是一个半围合的曲线，顺应着地形产生出来。而我们一直把造型与剖面结合起来设计，一个大的坡道直通屋顶，再从另一侧下来，在中心广场完成一个循环。吸引人的场地形成层层梯田状的花园，可以在其上游戏。

内部功能也尽量做到合理的适应造型的要求，而结构最终选用了比较简单的框架方式。但是可惜的是立面设计中，还应该可以带有更多有机的造型因素，许多在过程模型中的有趣处理在最后被简化掉了，否则效果可能更令人激动。

图 7–16

图 7–17

图 7–18

图 7—19

图 7—20

图 7—21

图 7—19～图 7—22

学生：王维　班级：02 建筑

王维总是能用很独特的眼光看到一些很有见地的内容。从开始时，提出了一个三明治空间的概念。希望在各班级之间，建立一个中介的而且是明亮的空间，它是所有其他空间交汇的地方，是大家活动交流的场所，并且是联系上下交通的空间，这形成了一个三层组织的空间模式。

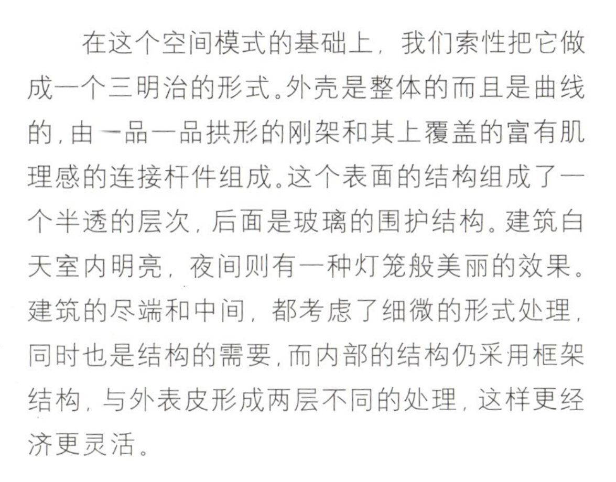

在这个空间模式的基础上，我们索性把它做成一个三明治的形式。外壳是整体的而且是曲线的，由一品一品拱形的刚架和其上覆盖的富有肌理感的连接杆件组成。这个表面的结构组成了一个半透的层次，后面是玻璃的围护结构。建筑白天室内明亮，夜间则有一种灯笼般美丽的效果。建筑的尽端和中间，都考虑了细微的形式处理，同时也是结构的需要，而内部的结构仍采用框架结构，与外表皮形成两层不同的处理，这样更经济更灵活。

图 7—22

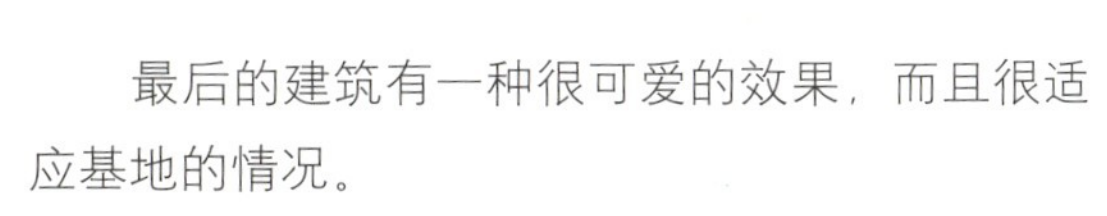

最后的建筑有一种很可爱的效果，而且很适应基地的情况。

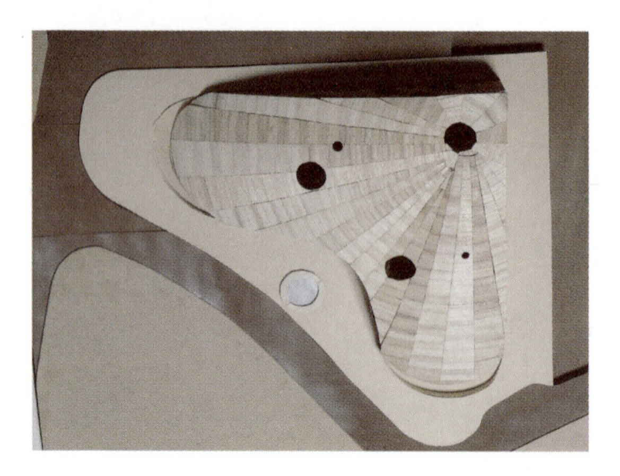

图 7–23

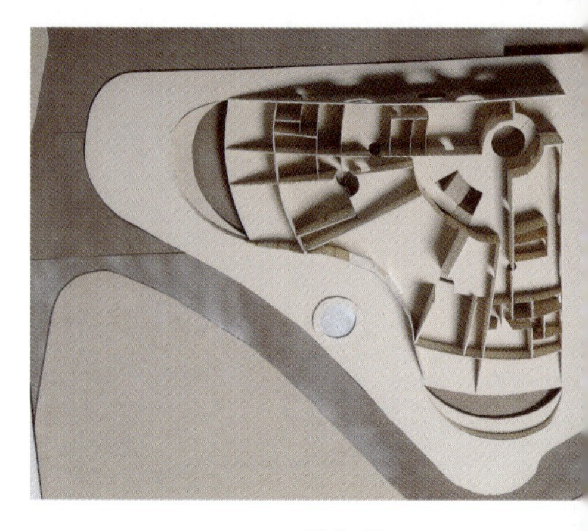

图 7–24

图 7–23～图 7–26

学生：李葱　班级：02 建筑

这个方案也提出一个屋顶花园的概念。在造型上受到贝壳的启发，由浑然一体的感觉。开始时，学生很想把它做成是一座覆土的地下建筑，但是由于幼儿园规范中不允许把儿童用房做成地下空间，因而只把部分室外活动空间做成下沉式的。

平面形式很好地推敲了流线中直线的轴线与曲线的造型空间的关系，以一个向心的波状的放射形组织各种功能。平面形式感很理性而又带有自由，处理手法很熟练。从入口到各部分的关系也很协调。一个缺点是开窗仅考虑了采光的要求，而忽略了景的作用，中间有两个班级缺少足够的窗来满足使用，如果可以把中间的空间重新利用和组织就可以锦上添花。

图 7–25

建筑的外形虽然复杂而且呈有机形的起伏，但是结构形式采用了比较简洁的框架方式。整个外壳实际是球面的一部分，切割而产生出来。结构造型的意义不在于一定要用特别的结构类型，用一般的结构也可以做出有趣的造型，也是发挥结构作用的一种高妙之处。

图 7–26

图 7-27、图 7-28

学生：迟橙橙　班级：02 建筑

与上面的幼儿园作业不同，这个设计是一个美术馆设计。而在美术馆中，由于使用者的精神要求更高，因而空间的作用比上面的幼儿园更为重要。

迟橙橙："'原生艺术'一词来自著名的现代艺术家让杜布菲(JeanDubuffet)。正在寻找创作可能的杜布菲应瑞士洛桑市之邀，做了一次文化交流之旅，他在1945年到瑞士参观了好几个精神病医院的美术收藏之后，精神病人的创作深深地打动了他的心，回到法国之后，他提出原生艺术——(ArtBrut)一词，继而展开了一场长达40年的探索。

原生艺术作品的主要类别有：精神病人的艺术表现，通灵者的绘画和具有高度颠覆性与边缘倾向的民间自学者的创作。原生艺术包括各种类型的作品：素描、彩画、首饰品，刺绣，雕塑，甚至是建筑等等，显现出自发的强烈创造性的特征，尽可能最少地依赖传统艺术与文化的陈词滥调，并且，作者都是些默默无闻的，与职业艺术圈没有关系的人。

原生艺术就如同艺术世界里的一枝奇葩，一股骤风，它冲破了主流艺术看似完善而权威的体系，也许更贴近人性里善良美好的本质和与生俱来的对美的追求和表达，歌唱着内心深处最真诚的歌曲，而留给世人的是巨大的震撼和无尽的感动。——尽管这些是无意识做到的。因此我将"朴素"和"瑰异"作为设计的关键词。

博物馆的基本形体是一个正方体，尽量在外立面上给人整体、谦虚的感觉。选取红砖这种普通而又满载着文化与历史的介质作为外立面惟一的材料也是为了传达"朴素"这一精神。转过平实而高大外墙，忽然看到了三层高的入口。巨大的漩涡犹如一股飓风咆哮着冲进了方盒子，并随即贯入建筑中心，径直朝天空飞去，看似平凡的的表面下隐藏着不为人知的力量和精神，当人们靠近漩涡时，仿佛被这股力量卷入建筑的内部，随即出现在眼前的20m高的天井螺旋着向上伸展，最终衔住一眼天空，此时，心中的意外和震撼不言而喻。这就是原生艺术本身带给人们的感觉，我希望在设计中能够把它再现！"

这个设计有着极为夸张的想法和富于矛盾冲突的处理手法。由于主题的富有争议性，它决定了建筑处理的戏剧性的效果。

入口部分与中庭部分连成一个整体，与表皮的肌理形成一个对比，完全采用曲面的造型，有一种龙卷风似的近乎疯狂的吸力，要把人吸进空间再抛到天上。而一个内部的网壳也很好满足了这样一种精神和空间造型的要求，它可以更好地塑造富于变化的曲面造型，而表面的肌理也有一种内在的张力感。

Museum of Arte Brut

原生藝術博物館

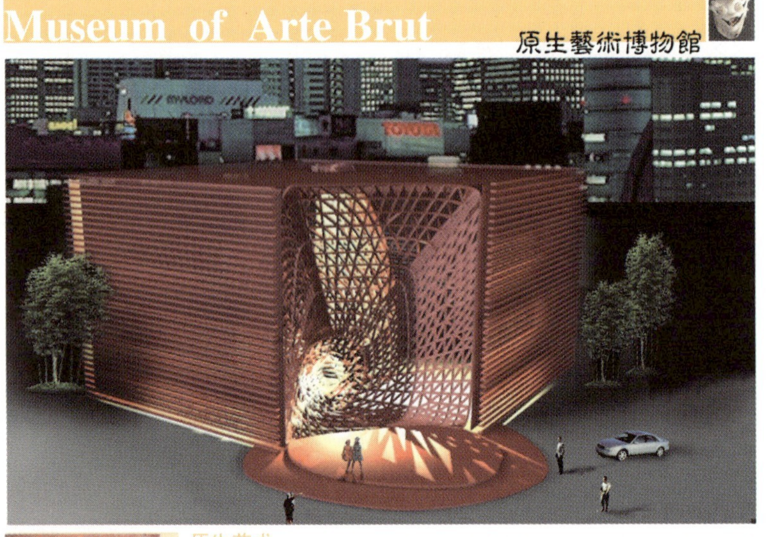

原生艺术------------包括各种类型的作品----素描、彩画、首饰品，刺绣，雕塑，甚至是建筑等等，显现出自发的强烈创造性的特征，尽可能最少的依赖传统艺术与文化的陈词滥调，而且作者都是些默默无闻的，与职业艺术权没有关系的人。

原生艺术作品的主要类别：

- 精神病人的艺术表现
- 通灵者的绘画
- 具有高度颠覆性与边缘倾向的民间自学者的创作

设计说明

原生艺术就如同艺术世界里的一枝奇葩，一股骤风。它冲破了主流艺术的完善而看似权威的体系也许更贴近人性中美好的本质和与生俱来的对美的追求和表达，歌唱着内心深处最真诚的歌曲，而留给世人的是巨大的震撼和无尽的感动。——尽管这些是无意识做到的。

因此　我将朴素和瑰异作为设计的关键词.

博物馆的基本形体选择的是一个单独正方体，不掺杂丝毫刻意与造作，没有任何多余的变化，尽量在外立面上给人真诚，大气的感觉，选取红砖这种普通而又满载着文化与历史的介质作为外立面唯一的材料也是为了传达“朴素”这一精神。转过平实而高大外墙，忽然看到了三层高的入口。巨大的漩涡犹如一股飓风咆哮着冲进了方盒子，并随即横贯建筑中心，径直朝天空飞去，看似平凡的的表面下隐藏着不可估量的力量和精神.当人们靠近那漩涡，就仿佛被一股巨大的引力吸住，拉着你走进去，随即出现在眼前的二十米高的天井螺旋着伸展着，最终衔住一眼天空，心里剩下的只有震撼.这就是原生艺术本身带给人们的感觉.我希望在设计中能够把它再现！

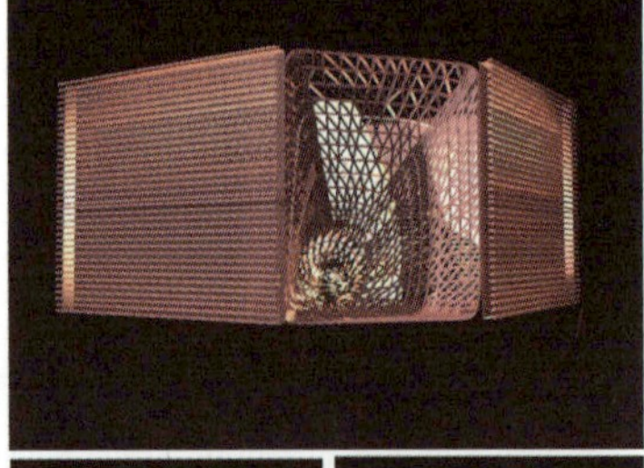

学　　生：迟橙橙
指导教师：王环宇
时　　间：2005年3月4日

图 7—27

事实上，我们至少有一半时间是在讨论这个空间的造型与结构的关系。不仅建筑的外观造型需要结构，内部空间的形成也需要结构的支持。这个作业虽然没有把外壳做成夸张的有机形，但是一个更为夸张的内部空间也同样给了结构造型以用武之地。在理性的外表下，有一个无比激动的内部空间。这种矛盾是其中的主题陈列要呈现出来的，也是这座美术馆要告诉我们的。

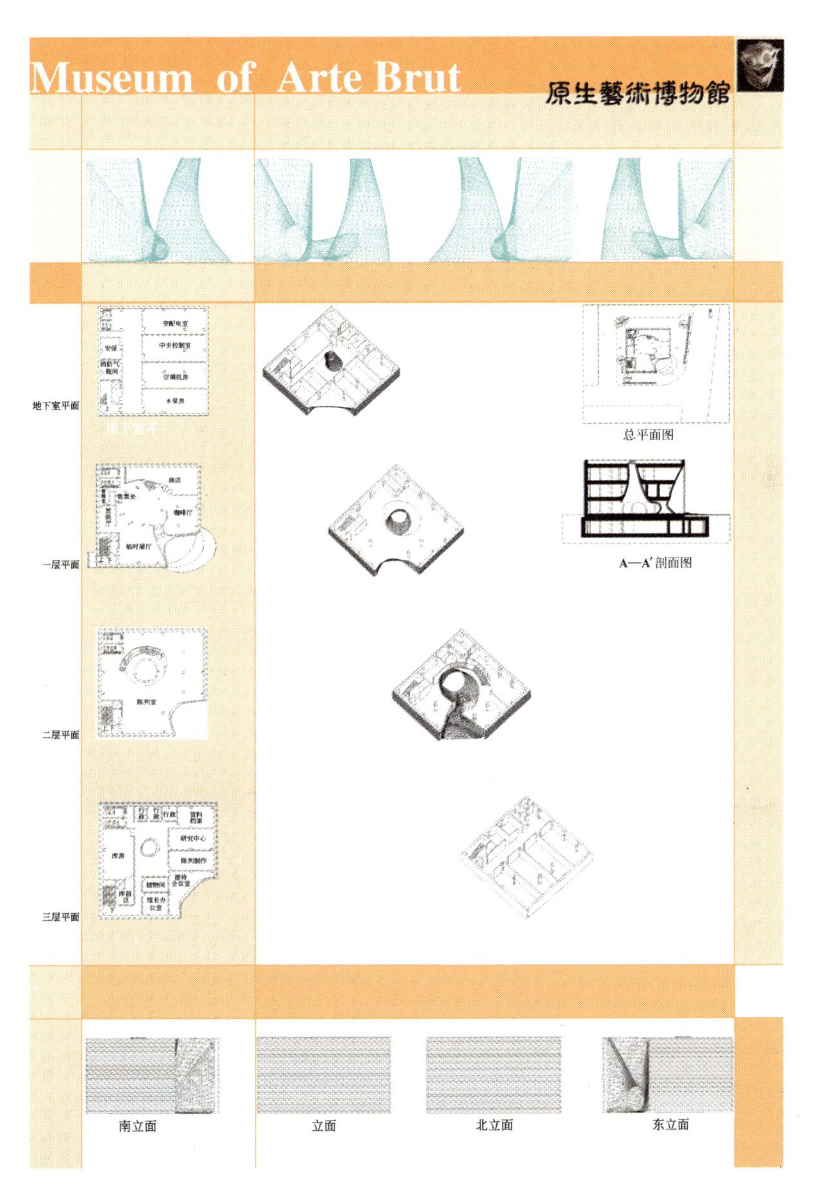

图 7-28

后　记

曾经有一位国外的教授说过这样一段话:"If I present my lectures, my students will hear also my uncertainties, my doubts, the limits of science; but if I were to write them down, then these are exactly what would become invisible." 这段话给我的一点感触就是，虽然从教这些年来，论文、报告以及官样文章都写了很多，写作本身并不是我感到困难的，但是难点在于，我如何把课堂中生动的讲解、机智的回答、锐利的交锋，也有疑惑的解决在书中陈示给大家，让读者也能对我们这门本来非常有趣味的课程发生兴趣。

当我得知这次的教材更多是以实验性的教学报告为主题的时候，心里的负担轻松了很多。这就好像《坛经》一样，记录下一个传法的过程，而不是像其他佛经一样系统阐述原理。教材那种一本正经的面孔是不是也该改一改了。通过一个一个具体的事例来解释主题，有时候，比长篇累牍地系统分析更容易让人接受。我想，系统分析和生动介绍都是必要的，然而关于结构的范畴，系统介绍的书籍已经有一些了，但生动介绍的书似乎还不多，那么，就让我先来补充一下这个不足吧。

我本人毕业于清华大学建筑学院，专业是建筑设计及其理论，而不是土木专业的。不是结构专业是不是就不能教结构了呢？恰恰相反，英国皇家建筑师协会就要求要由建筑师来教建筑系的结构课程。因此，我觉得经过我对这一领域的一定研究和了解，是可以教建筑结构的。但是，我教的不是结构工程师说的建筑结构，我教的是建筑师理解的建筑结构。

2003年我带着关于结构教学的疑问去英国格拉斯哥美术学院进修，深感于他们教学方法的效果，回来以后就开始探索自己的教学方法。"非典"期间，在家潜心编制教案。到今年，我所教授的结构造型课程已经是第三年了。它借鉴了国外先进的教学理念，改革了以往国内建筑学教学中的一些方法。课程的成果在校内、校外多次展出，有很好的反响。课程在2003年曾经在全国建筑技术教学研讨会上作了介绍，受到大家的肯定。现在该课程是我校2005年度全院重点科研课题之一，已经形成一定教学梯队，希望以后可以建设成较高级别的精品课程。

当然，由于本人学识和能力的问题，本书不可避免地有很多纰漏甚至错误的地方，望广大同行和结构工程师批评指正，我一定虚心接受。

在此感谢吕品晶教授，一直支持和鼓励我的教学；感谢我的学生们，从他们那里我学到的比我教给他们的要更多；也感谢我的妻子，给我很多理解和鼓励，使得本书可以完成。

王环宇

2005年5月18日